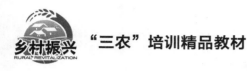

"三农"培训精品教材

畜禽养殖与疾病防治技术

● 孟宪煜　任渊章　曹敬波　主编

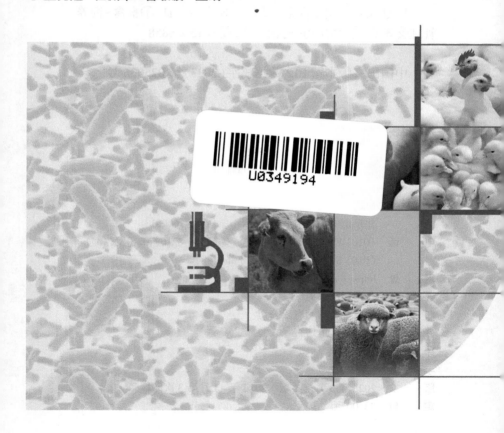

U0349194

中国农业科学技术出版社

图书在版编目（CIP）数据

畜禽养殖与疾病防治技术／孟宪煜，任渊章，曹敬波
主编. -- 北京：中国农业科学技术出版社，2023.3（2024.11 重印）
ISBN 978-7-5116-6207-1

Ⅰ.①畜…　Ⅱ.①孟…②任…③曹…　Ⅲ.①畜禽-饲养
管理②畜禽-动物疾病-防治　Ⅳ.①S815②S858

中国国家版本馆 CIP 数据核字（2023）第 025036 号

责任编辑	姚　欢　施睿佳
责任校对	王　彦
责任印制	姜义伟　王思文

出 版 者	中国农业科学技术出版社
	北京市中关村南大街 12 号　　邮编：100081
电　　话	（010）82106631（编辑室）　　（010）82109702（发行部）
	（010）82109709（读者服务部）
网　　址	https://castp.caas.cn
经 销 者	各地新华书店
印 刷 者	北京中科印刷有限公司
开　　本	140 mm×203 mm　1/32
印　　张	4.875
字　　数	126 千字
版　　次	2023 年 3 月第 1 版　2024 年 11 月第 3 次印刷
定　　价	33.00 元

《畜禽养殖与疾病防治技术》
编 委 会

前　　言

　　近年来，我国畜禽养殖生产经营模式不断发展，规模化程度越来越高。但是可以看到，仍然有很多养殖户，由于缺乏科学的养殖技术和先进的养殖理念，导致养殖失败，承受着不必要的经济损失。因此，进一步提升广大畜禽养殖人员的技术水平，依然是当前非常重要的工作。

　　为了满足畜禽养殖人员的技术需求，我们结合当前畜禽养殖业的发展形势，编写了《畜禽养殖与疾病防治技术》一书。本书以养殖业中常见的猪、牛、羊、兔、鸡、鸭、鹅和鸽子等8种畜禽为对象，分别围绕饲养管理和常见疾病防治技术等方面，对畜禽养殖中的关键技术进行了介绍。具体内容包括：猪养殖与疾病防治技术、牛养殖与疾病防治技术、羊养殖与疾病防治技术、兔养殖与疾病防治技术、鸡养殖与疾病防治技术、鸭养殖与疾病防治技术、鹅养殖与疾病防治技术、鸽子养殖与疾病防治技术。本书语言通俗易懂、技术先进实用、用药安全规范，不仅适合基层畜禽养殖人员、技术人员、专职兽医、饲养员及其他养殖工作者参考使用，也可作为大中专院校畜牧兽医专业的参考教材。

　　由于编者水平有限，书中缺点和不足在所难免，敬请广大读者批评指正。

编　者

2023 年 2 月

目　录

第一章　猪养殖与疾病防治技术

第一节　猪的饲养管理

一、后备公猪的饲养管理

后备公猪的饲养管理是一个猪场的核心。饲养后备公猪是为了得到质量好的精液，因此要加强对后备公猪的饲养管理，使后备公猪具有健壮的体质和旺盛的性欲。

（一）后备公猪的选择

体形外貌符合品种特征，睾丸发育良好、左右对称，四肢强健有力、步伐矫健，系谱清晰。

（二）饲养原则

限制饲养，日喂 2 次。用公猪料或哺乳母猪料日喂 2.0~2.5 千克，膘情控制比同龄母猪低。配种期每天补喂 1 枚鸡蛋，于喂料前进行。每餐不喂过饱，以免公猪饱食贪睡，不愿运动造成过肥。单栏饲养，保持圈舍与猪体清洁。

（三）公猪管理

1. 合理运动

每天运动 0.5~1.0 小时，每次运动 800~1 000 米。可以通过室外运动或室内试情来完成，让其在配种怀孕舍走道中来回走动，以促进公猪发情，提高体力，避免发胖。

2. 调教公猪

后备公猪达 8 月龄，体重达 120 千克，膘情良好即可开始调教。将后备公猪放在配种能力较强的老公猪附近隔栏观摩、学习配种方法；配种公母猪大小比例要合理。正在交配时不能推打公猪。

3. 使用方法

后备公猪 9 月龄开始使用，使用前先进行配种调教和精液质量检查，开始配种体重应达到 130 千克以上。9～12 月龄公猪每周配种 1～2 次，13 月龄以上公猪每周配种 3～4 次。健康公猪休息时间不得超过 2 周，以免发生配种障碍。若公猪患病，1 个月内不准使用。

4. 检查精液

本交公猪每月须检查精液品质 1 次，夏季每月 2 次，若连续 3 次精检不合格或连续 2 次精检不合格且伴有睾丸肿大、萎缩，性欲低下，跛行等疾病时，必须淘汰。应根据精检结果，合理安排好公猪的使用强度。

5. 公母比例

本交时，公：母＝1：（20～30）；人工授精时，公：母＝1：（50～100）。

二、母猪的饲养管理

（一）后备母猪的饲养管理

1. 后备母猪选择

选自第 2～5 胎优良母猪后代为宜。体形符合本品种的外形标准，生长发育好、皮毛光亮，背部宽长、后躯大、体形丰满、四肢结实有力、肢蹄端正、腿不宜过直。有效乳头应在 6 对以上，排列整齐、间距适中、大小均匀、无瞎乳头和副乳头，阴户发育较大且下垂、形状正常。日龄与体重对称——出生体重在1.5千克以上,28日龄断奶体重达8千克,70日龄体重达15千克,体重达100千克时不超过160日龄;100千克体重测量时,倒数第3~4肋骨离背中线6厘米处的超声波背膘厚在2厘米以下。

后备母猪挑选常分5次进行,即出生、断奶、60千克、5月龄(105~110千克)左右(初情期)、配种前逐步给予挑选。

2. 后备母猪饲养

采用群养,以刺激发情。30千克以下母猪,小猪料饲喂;30~60千克,中猪料饲喂;60~90千克,大猪料饲喂,自由采食;90千克以后限饲,约2.8千克/天。配种前半个月优饲,具体根据母猪膘情增减饲喂量。母猪发情第2次或第3次,体重达120千克以上时配种。

3. 观察发情方法

每天进行2次发情鉴定,上、下午各1次。

(1)外部观察法:发情母猪行动不安、外阴红肿、有少数黏液流出、尿频、爬跨其他母猪、食欲差。

(2)试情法:用公猪对母猪进行试情,母猪接受公猪爬跨。

4. 适时配种

1)配种时机

应在出现静立反应后,12~24小时第1次配种,再过8~12小时进行第2次配种。母猪配种后21天若不发情,即基本确认怀孕,按怀孕期管理。

2)配种方法

初次实施人工授精最好采用"1+2"配种方式,即第1次本交,第2、3次人工授精;条件成熟时推广"全人工授精"配种方式,并应由3次逐步过渡到2次。

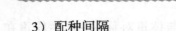

3）配种间隔

经产母猪：上午发情，下午配第 1 次，次日上、下午配第 2、3 次；下午发情，次日上午配第 1 次，下午配第 2 次，第 3 日下午配第 3 次。断奶后发情较迟（7 天以上）的及复发情的经产母猪、初产后备母猪，要早配（发情即配第 1 次），间隔 8 小时后再配 1 次，至少配 3 次。

（二）妊娠母猪的饲养管理

母猪经过配种受胎以后，就成了妊娠母猪。母猪怀孕后，一方面继续恢复前一个哺乳期消耗的体重，为下一个哺乳期贮积一定营养；另一方面要供给胎儿发育所需要的营养。对于初产母猪来说，还要满足身体进一步发育的营养需要。因此，母猪在怀孕期，饲养管理的主要任务：保证胎儿在母猪体内得到充分发育，防止化胎、流产和死胎。同时要保证母猪本身能够正常积存营养物质，使哺乳期能够分泌数量多、质量好的乳汁。妊娠母猪本身及胎儿的生长发育具有不平衡性，即有前期慢、后期快的特点，这是制定饲养管理措施的基本依据。

按照妊娠母猪的特点和母猪不同的体况，妊娠母猪的饲养方式有以下 3 种。

1. 抓两头顾中间的喂养方式

这种方式适用于经产母猪。前阶段母猪经过分娩和泌乳期，体力消耗很大，为了使母猪担负起下一阶段的繁殖任务，必须在妊娠初期就加强营养，使其尽早恢复体况。这个时期一般为 20～40 天。此时，除喂大量青、粗饲料外，也应适当给予一些精饲料，以后以青、粗饲料为主，维持中等营养水平。到妊娠后期，即 3 个半月以后，再多喂些精饲料，加强营养，形成"高—低—高"的饲养模式。但后期的营养水平应高于妊娠初期的营养水平。

2. 前粗后精的饲喂方式

对配种前体况良好的经产母猪可采用这种方式。因为妊娠初期，不论是母猪本身的增重，还是胎儿生长发育的速度，都比较缓慢，一般不需要另外增加营养，可降低日粮中精饲料比例，而把节省下来的饲料用在妊娠中期，此时胎儿生长逐渐加快，可适当增加部分精饲料。

3. 步步登高的饲养方式

这种方式适合于初产母猪和泌乳期配种的母猪。因此，对这类母猪整个妊娠期的营养水平，是按照胎儿体重的增长而逐步提高，到分娩前 1 个月达到最高峰。在妊娠初期以喂优质青、粗饲料为主，以后逐渐增加精饲料比例。在妊娠后期多些精饲料，同时增加蛋白质和矿物质。

现代养猪还可分限量饲喂、限量饲喂与不限量饲喂相结合的 2 种饲喂方式。前者是指按照饲养标准规定的营养定额配制日粮，限量饲喂；后者是指妊娠前 2/3 时期采取限量饲喂，妊娠后 1/3 时期改为不限量饲喂，给予母猪全价日粮，任其自由采食。

（三）哺乳母猪的饲养管理

母猪分娩后开始进入哺乳期，这一时期母猪饲养的主要任务是提高母猪的泌乳量、保证仔猪健壮发育、提高仔猪断奶重和成活率。同时，要保持母猪在哺乳期结束后不过瘦，能按时发情并配上种。

母猪在哺乳期负担很重，营养需要量与其他时期比也是最多的。由于母猪采食量有限，在哺乳期让母猪敞开吃料，也满足不了泌乳期内的营养需要。因此，母猪在泌乳期内体重往往有所下降，尤其是泌乳量高的母猪，产后体重持续减轻，一直到泌乳后期体重才逐渐停止下降。据测定，母猪在 2 个月的泌乳期内，体重可减轻 30~50 千克，即每天下降 0.5~0.8 千克。为了不使母猪失重过多，影响健康和繁殖，必须增加哺乳母猪的饲料。母猪每天的营养需要量因其体重和带仔头数不同而有差异：母猪体重越大，营养需要量越大；同样体重的母猪，带仔头数增加，营养需要量也要增加。

哺乳母猪的日粮中应以能量饲料为主。青、粗饲料的喂量要适宜，一般饲喂定量应控制在整个饲料的粗纤维含量不超过7%。哺乳期的饲料必须保证品质良好，切忌喂霉烂变质的饲料。否则，不仅影响母猪的健康和泌乳，而且有损仔猪的健康。饲料量的减增，都应逐渐进行。否则，容易导致乳成分和乳产量的骤变而引起仔猪下痢。

猪乳中含有的水分多达80%，所以母猪泌乳需要大量的水分，加上母猪代谢活动所需的水分，哺乳母猪每日需水量达12~21千克。倘若饮水不足，即使日粮营养十分丰富，其泌乳量也会明显降低。

母猪哺乳环境应该保持清洁干燥，垫草要勤换，一般2~3天换一次。这样才能有效地防止母猪乳房炎的发生和仔猪感染导致的下痢、肺炎、皮肤病等。

身体强健的哺乳母猪，在产后1周左右即可出现发情，此时不应配种，否则影响母猪的泌乳力。

三、仔猪的饲养管理

（一）哺乳仔猪的饲养管理

1. 接产

仔猪出生后，立即将口、鼻黏液掏除、擦净，然后剪齿、断尾。仔猪出生时已有8颗牙，需用剪齿钳从根部剪平，防止仔猪相互争抢而伤及面颊及母猪乳头。断尾是指用手术刀或锋利的剪刀剪去最后3节尾骨，并涂药预防感染，防止仔猪相互咬尾。

2. 加强保温，防冻防压

通过红外线灯、暖床、电热板等办法给予加温。最初每隔 1 小时喂仔猪母乳 1 次，逐渐延至 2 小时或稍长时间，3 天后可让母猪带仔哺乳。栏内安装护仔栏，建立昼夜值班制，注意检查观察，做好护理工作。

3. 早吃初乳

仔猪出生后要及时吃足初乳，同时固定乳头，体强的仔猪固定在后边乳头，体弱的仔猪固定在前边乳头，保证同窝猪生长均匀。如果母猪有效乳头少，要做好仔猪的寄养工作。

4. 补铁

铁是造血必需的元素，为防止缺铁性贫血，仔猪出生 2~3 日注射牲血素补铁，最好 15 日龄再补铁 1 次，促进仔猪正常生长。

5. 阉割

不能作为配种用的仔猪最好在 2 周龄时阉割。

6. 开食补料

7 日龄开始补料，每次每窝添加 10~20 克，每天数次；14 日龄时，仔猪基本上学会采食少量教槽料，以后随着仔猪食量增加逐渐加大喂量。

7. 断奶

仔猪适宜断奶日龄为 28~35 天，断奶时采取转母猪、留仔猪的方式，尽可能减少仔猪的应激。

（二）断奶仔猪的饲养管理

1. 分群

建议采取原窝培育，将原窝仔猪（剔除个别发育不良个体）转入培育舍，关入同一栏内饲养。原窝仔猪过多或过少时，需要重新分群，可按其体重、强弱进行并群分栏，同栏群中仔猪体重相差不应超过 1~2 千克，将各窝中的弱小仔猪合并分成小群进行单独饲养。合群仔猪会有争斗位次现象，可进行适当看管，防止咬伤。

2. 饲养温度和湿度

断奶仔猪适宜的环境温度为 21~22 ℃，猪舍适宜的相对湿度为 65%~75%。

3. 调教

加强调教新断奶转群仔猪的采食、躺卧、饮水、排泄区固定位置的训练，使其形成理想的睡卧区和排泄区。

4. 去势

建议出生后 35 日龄左右，体重 5~7 千克时进行去势。也可在仔猪出生后 7 日龄左右早期去势，以利术后恢复。

四、生长育肥猪的饲养管理

仔猪从保育舍转入生长育肥舍，要求增重快、出栏时间短、耗料少、料肉比低、胴体品质优。为此，需要从品种、饲料营养、环境控制、疫病防治等方面综合考虑。

（一）充分利用生长育肥猪的生长规律

仔猪阶段相对生长较快，随日龄增长逐渐降低。日增重开始较低，后来增加，达到高峰后又逐渐下降。猪的育肥最好在 6 月龄内结束，此前增重最快，每千克增重耗料最少。

幼龄期长外围骨，中龄期长中轴骨和肌肉，稍后肌肉生长加快，最后脂肪生长加快，即所谓小猪长骨、中猪长肉、大猪长膘。生产实践中，应充分利用上述规律，小猪阶段充分调动骨骼生长，育肥前期增加蛋白质供给，促进肌肉组织沉积，育肥后期适当减少能量摄入量，控制脂肪沉积，从而提高瘦肉率、降低生产成本。

（二）控制影响育肥的因素

1. 品种

品种是决定育肥性能的重要因素。一般三元杂交品种的生长优势大于地方品种。只有选择优质品种并结合使用优质饲料，才能获得最佳效益。

2. 性别

公母猪经去势食欲增加、增重速度提高、饲料利用率和屠宰率提高、肉的品质好。由于母猪性成熟晚（6月龄以后），所以人们普遍采取公猪去势、母猪不去势的方式进行育肥。

3. 初生重和断奶重

仔猪初生重大，断奶重就大，育肥期增重速度快。人们常说"初生差一两，断奶差一斤，出栏差十斤"。设法提高初生重和断奶重是养猪的基础。

4. 饲料与营养

能量水平直接影响日增重。提高能量水平有利于加快增重速度，提高饲料利用效率。适宜蛋白质水平对增重和胴体品质都有良好作用。采食含饱和脂肪酸多的饲料，猪的体脂洁白、坚硬，相反则出现黄膘或软脂。

5. 环境

猪在适宜温度（15~23 ℃）下，育肥效果明显，过冷过热均不利，高温比低温危害更大，特别要避免高温高湿和低温高湿。饲养密度每栏10~20头；每头占栏面积中猪0.5~0.8 米²、大猪0.8~1.0 米²为宜，过大过小均不合适。虽然光照无明显影响，但不宜过强，以便于操作管理为好。

（三）育肥方法的实施

随着品种改良、日粮结构的不断调整，传统的阶段育肥或吊架子育肥，不完全适应现代养猪生产的要求。根据猪各阶段营养需要特点，供给充足营养的直线育肥（又叫一条龙育肥）为养猪场普遍采用。这种方法育肥期短、日增重高、料肉比低。体重40~60千克以前自由采食，充分发挥小猪生长快、饲料利用率高的特点。体重60千克以后适当限饲提高饲料利用率并控制体脂的含量。饲喂干粉料，保证充足饮水。育肥期间进行防疫、驱虫、防暑、防寒工作，每日饲喂2~4次。具体实行哪种育肥方式还应当考虑品种、饲料资源、交通条件等。

育肥猪多大体重出栏也不能一概而论，应根据育肥目的而论。第一，建议在增重高峰过后及时出栏，因为出栏体重越大，胴体越肥，生产成本也越高。体重60~120千克阶段，活重每增长10千克，瘦肉率大约下降0.5%。第二，针对不同市场（出口、城镇还是农村）需要灵活确定出栏体重。第三，以经济效益为核心确定出栏体重。出栏体重越小，单位增重耗料越少，饲养成本越低，但其他成本分摊费用越高，且售价等级越低，很不经济。出栏体重越大，单位产品非饲养成本分摊费用越少，但后期增重成分主要是脂肪，饲料利用率下降，饲养成本明显增高，且胴体脂肪多，售价等级低。

（四）提高瘦肉率的措施

发展瘦肉猪生产，可以提高猪的日增重，降低饲料消耗，改善肉质和养猪业的经营状况。

1. 品种

饲养杜长大三元杂交商品瘦肉型猪，瘦肉率可达64%以上。

2. 饲料蛋白质水平

体重10~20千克时，饲料蛋白质水平应为22%~20%；体重20~60千克时，饲料蛋白质水平应为20%~16%；体重60~90千克时，饲料蛋白质水平为16%~14%。

3. 采取"前攻后限"的饲养方式

即体重60千克前敞开饲喂；60千克后限制饲喂，一般以正常喂量 85%~90% 为宜，补饲青绿饲料。限饲能抑制脂肪增长、提高胴体瘦肉率，节约饲料。

4. 创造适宜生长环境，做到冬暖夏凉

肉猪舍内温度以 18~21 ℃ 为宜。舍温 25 ℃ 和 30 ℃ 时，采食量分别下降 10% 和 35%，日增重下降；舍温 10 ℃ 时采食量增加 10%；舍温 5 ℃ 时采食量增加 20%；舍温 0 ℃ 时采食量增加 35%。

5. 适时出栏屠宰

体重 90~100 千克时出栏，生长速度、饲料利用率、屠宰率、产肉量和瘦肉率都比较高。

第二节　猪常见疾病防治技术

一、猪瘟

（一）主要症状

猪瘟又叫"烂肠瘟"，一年四季都可发生。临床症状表现为高热（体温 40.5~41.0 ℃）、精神沉郁、食欲减退、喜喝脏水、畏寒打战、常钻垫草、皮肤有红色出血点且指压不褪色、先便秘（粪便如算盘珠状）后下痢（具恶臭味，带有黏液和脓血）、有脓性眼屎。

（二）防治方法

防治猪瘟目前尚无特效药物。

本病防治主要靠免疫接种和综合防治措施。免疫接种可采用超前免疫方案，即在仔猪吃初乳前进行首次接种 1~2 头份/头，以后在 20 日龄、60~65 日龄各注射 1 次；种猪每年春、秋季各免疫接种 1 次。发生疫情后，对疫区和受威胁区采用紧急接种，剂量增加至 2~5 头份/头。综合性防治措施，主要是采取自繁、自养，保持环境卫生。

二、猪丹毒

（一）主要症状

猪丹毒又叫"打火印"，夏、秋季发生较多，急性死亡率高，多经消化道感染，一般 4～9 月龄的猪多发病，突然发病。患猪体温急剧升高到 42 ℃以上，精神沉郁，怕冷、不吃、呕吐、先便秘后腹泻，发病不久在耳后、颈部、四肢内侧皮肤上出现各种形状红斑，后逐渐变为暗红色，指压时褪色，松开手指即复原。

（二）防治方法

预防：用猪丹毒氢氧化铝甲醛菌苗或猪瘟、猪丹毒、猪肺疫三联苗免疫接种，每 6 个月免疫 1 次，或每年春、秋季各免疫 1 次。

治疗：①肌内注射青霉素 20 万～100 万国际单位，每天 2 次。此外，土霉素、金霉素、四环素对本病也有较好的疗效；②皮下或耳静脉注射猪丹毒血清；③用大青叶 75 克（炒）、石膏 50 克、升麻 40 克，研细服用。

三、猪肺疫

（一）主要症状

猪肺疫又叫"锁喉风"，多发于夏、秋季，中小猪感染较多，多经呼吸道感染。患猪体温在 40 ℃以上，不吃、呼吸困难、张嘴喘气、呈犬坐姿势、皮肤出现紫红色斑点。

（二）防治方法

预防：每年春、秋季定期注射猪肺疫氢氧化铝甲醛菌苗或猪瘟、猪丹毒、猪肺疫三联苗免疫接种。

治疗：①肌注双抗，即青霉素 20 万~100 万国际单位、链霉素 50 万~100 万国际单位，每日 2 次；②内服土霉素或四环素，每次 0.5 克，或肌内注射 40 万~100 万国际单位。

四、猪流行性感冒

（一）主要症状

猪流行性感冒多发于春、秋末和冬初，患猪体温在 41.0~41.5 ℃，食欲减退、无精神、鼻腔流黏液分泌物、咳嗽。

（二）防治方法

预防：定期消毒，保持栏舍清洁、干燥，防止易感染猪和感染流感的动物接触，猪流感危害严重的地区，应及时进行疫苗接种。

治疗：①肌注复方氨基比林（安痛定）、安乃近或百尔定 5~20 毫升，也可加注青霉素 40 万~100 万国际单位；②肌注土霉素或四环素 20 万~100 万国际单位，每日 2 次。

五、仔猪副伤寒

（一）主要症状

本病多侵害 2~4 月龄的幼猪。急性病猪体温升高到 41~42 ℃，不食，不爱走动，下痢，粪恶臭，死前鼻唇、四肢末端、耳、颈、胸下及腹部皮肤变成蓝紫色。慢性病猪的主要症状是食欲减退，周期性下痢，粪便呈淡黄色或黄绿色，恶臭，并混有血液和脱落的肠黏膜。猪常因极度衰弱而死亡。

（二）防治方法

预防：①对 30 日龄前后仔猪注射仔猪副伤寒弱毒菌苗，每次 1 毫升，肌内注射；②把大蒜捣碎，混入饲料中饲喂。

治疗：①磺胺脒每日每千克体重 0.4~0.6 克，分 2 次内服，连服 3 天；②用黄连、黄柏、通草各 10 克，白头翁、甘草各 6 克，车前子、滑石粉各 15 克，研成细末，分 4 次灌服。

六、仔猪白痢

（一）主要症状

仔猪白痢又叫"拉白屎"，多发生在 20 日龄以内的仔猪。患猪初期排稀粪，以后粪便逐渐变为白色，混有泡沫，黏稠而腥臭；精神萎靡、消瘦、步态不稳，死亡率较高。

（二）防治方法

预防：采取综合防治措施，积极改善饲养管理及卫生条件，做好经常性的预防工作，如加强妊娠母猪和哺乳母猪的饲养管理、改进猪舍的环境卫生、预防性给药等。

治疗：①土霉素每头每天喂 2~3 次，每次 0.25~0.5 克；②每头每天喂盐酸小檗碱 2~3 次，每次 0.05~0.1 克；③大蒜 500 克+甘草 120 克，切碎捣烂后加白酒 500 毫升，浸泡 5 天，然后取原液 1 毫升+水 4 毫升，调匀后口服，每日 2 次。

七、猪腹泻病

（一）主要症状

患猪不爱吃食，排便次数增多且粪稀，并带有未消化的饲料，尿量少、色黄、四肢发凉。

（二）防治方法

预防：主要是接种疫苗、加强管理、严格消毒等措施。

治疗：①磺胺脒，每千克体重日用量 0.2~0.3 克，分成 4 等份，第 1 次喂 2 份，以后每隔 6 小时喂 1 份；②土霉素或合霉素，按每千克体重 0.02~0.04 克的剂量，日喂 3 次；③红小豆或绿豆 250 克，煮开放温后加大蒜 2 个，捣烂后混合喂猪，日喂

2 次。

八、母猪产后瘫痪

（一）主要症状

母猪产后瘫痪又叫"产后麻痹""风瘫"，多发生在产后 20~40 天，对瘫痪的母猪应加强饲养管理，加强母猪室外活动，让其多晒太阳，合理补喂钙、磷，减少仔猪吃奶次数或提前断奶，以减轻母猪的泌乳负担。

（二）防治方法

预防：科学饲养，保持日粮钙、磷比例适当，增加光照，适当增加运动，均有一定的预防作用。

治疗：①砸碎新鲜猪骨熬汤喂猪，加喂饲用骨粉，每天喂 50 克左右；②静脉注射 10%~20% 葡萄糖酸钙液 100~150 毫升、5%~10% 氯化钙注射液 40~80 毫升；③骨粉 270 克、防己 35 克、制马钱子 18 克，研为细末后混匀喂服，每日 2 次，连服数日。

九、乳房炎

（一）主要症状

母猪的乳房因与地面摩擦、冻伤、被仔猪咬伤、断奶方法不当等，都可引起乳房炎。患猪乳房潮红、肿胀、发热、发硬疼痛，不让仔猪吃奶。

（二）防治方法

预防：加强母猪猪舍的卫生管理，保持猪舍清洁，定期消毒。母猪分娩时，尽可能使其侧卧，助产时间要短，防止哺乳仔猪咬伤乳头。产仔当天、产仔后第 3 天、产仔后第 7 天，分别注射头孢噻呋。母猪产前、产后 7 天，每吨饲料添加 10% 阿莫西林 1 千克。

治疗：①青、链霉素 80 万~100 万国际单位，1 次肌内注射，或内服磺胺类药物；②用金银花、连翘、蒲公英、地丁各10克，知母、黄柏、木通、大黄、甘草各6克，研为细末后拌食。

十、发霉饲料中毒

（一）主要症状

病猪腹痛、下痢、被毛粗乱、迅速消瘦、尿呈茶色；严重者可见抽搐、过度兴奋、呻吟等症状，一般在几天内就会死亡。发现中毒后应立即停喂发霉的饲料，改喂易消化的青绿饲料。

（二）防治方法

预防：猪场饲料仓库修建时宜选择在地势高燥、通风阴凉处。饲料仓库地面必须做防潮处理，有条件的猪场，其墙面也可以做防潮处理。加强入场原料及成品饲料的监测，严控饲料原料的水分。饲料贮藏过程中，要定期检查、翻动，严禁使用过期、结团、霉变饲料。猪场内使用饲料时，遵循生产日期靠前的优先饲喂和先到先使用的原则。

治疗：①内服硫酸钠 30～50 毫克，或人工盐 40～60 克；②肌内注射 2.5%氯丙嗪，每千克体重用 0.06 毫升；③内服溴化钾，每千克体重用 0.15 克；④静脉或腹腔注射生理盐水，每千克体重用 10 毫升；⑤肌内或皮下注射 10%安钠咖，每千克体重用 0.15 毫升。

第二章　牛养殖与疾病防治技术

第一节　牛的饲养管理

一、犊牛的饲养管理

（一）初生犊牛的正确接产与恰当护理

犊牛必须在舒适的环境下出生，这样才能保证健康和有活力。羊水破裂后2个小时，胎囊应该露出；再过1小时前腿应该露出。怀孕母牛必须有足够的食物，尤其是在分娩前后要确保母牛保持旺盛的食欲。所以，要确定一直有可口的食物和新鲜的饮水供应给母牛，而且不改变配方，还应保持环境清洁，提供舒服的垫床，同时提供可与其他牛沟通的机会。分娩舍的宽度至少要达到牛体宽的1.5倍，长度至少达到牛体长的2倍。一般荷斯坦奶牛的体长在2.50~2.75米，也就是长度最少为5米。确保分娩牛卧在合适助产的位置；需要助产时，必须保证牛体后还有一个牛体长的距离。新生的犊牛体质较弱，因此有很多工作从犊牛出生起就必须细致地完成。

1. 清除黏液

犊牛自母体产出后应立即清除其口腔及鼻孔内的黏液，以免妨碍犊牛的正常呼吸和将黏液吸入气管及肺内。如犊牛产出时已将黏液吸入而造成呼吸困难，可2人合作，握住犊牛后肢，倒提犊牛，拍打其背部，使黏液排出。如犊牛产出时已无呼吸，但尚有心跳，可在消除其口腔及鼻孔黏液后将犊牛在地面摆成仰卧姿势，头侧转，每6~8秒按压与放松犊牛胸部1次并进行人工呼吸，直至犊牛自主呼吸为止。

2. 脐带消毒

将脐带浸入盛着5%~10%碘酊的容器中或喷上消毒剂。

3. 擦干被毛

断脐后，应尽快擦干犊牛身上的被毛，以免犊牛受凉，尤其在环境温度较低时，更应如此。被母牛舔干净也是一种很好的激发犊牛活力的方法。犊牛的皮毛会很快干燥，这样容易保暖。羊水的味道也会刺激母牛的食欲。

4. 隔离

犊牛出生后，应尽快将犊牛与母牛隔离，将新生犊牛放养在干燥、避风的单独犊牛笼内饲养，使其不再与母牛同圈，以免母牛认犊之后不利于挤奶。

5. 及时哺喂初乳

初乳是指母牛产后7天内所分泌的乳汁。初产牛第1次挤出来的新鲜初乳是最好的。相对而言，冻存初产牛的初乳比冻存经产牛的好。初乳可在冰箱内冻存12个月（标注好日期）。把初乳按照一份或者半份的量分装好，用时放在装满热水的桶里升温至35~40 ℃。

（二）重视初乳

初生的犊牛依靠初乳获得抵抗疾病的抗体，它能够使得犊牛免于感染大肠杆菌、轮状病毒等环境内常有的微生物。犊牛的肠道在初生时能够吸收初乳，超过24小时后这种能力会迅速下降。在吃到初乳之前，犊牛最易受到感染。

初乳也是犊牛获得能量和营养的来源，犊牛要靠初乳来维持体温。

饲喂初乳的方法：可在第 1 次给予犊牛 3.75 升初乳，12 小时后再给 2 升，可通过胃管饲喂；另外一种给法是犊牛出生 2 小时内给 2 升初乳，6 小时后再给 2 升，即最初的 12 小时内犊牛应喝到 4 升初乳，相当于体重的 10%。如犊牛第 1 天应该喝到 5.5 升初乳，大量的初乳可被有效利用。

如果奶牛产奶量较高，那么初乳中的抗体浓度就会比较低，相应的犊牛需要的初乳量就会大一些。如果母牛在产前就分泌了大量初乳，健康的犊牛可以喝掉超过它真胃容量（1.5～2.5 升）的初乳。

（三）犊牛腹泻的预防

犊牛在出生后的 4 周内很容易发生腹泻，尤其在前 10 天。新生犊牛通过粪便感染。

粪便中存在各种病原微生物可导致犊牛感染并发生腹泻。至于犊牛病到何种程度，取决于其抵抗力如何、在传染环境中的暴露程度，以及病原微生物的毒力强度。犊牛抵抗力取决于健康程度、饲料摄入、舒适程度及足够的初乳。

很多犊牛集中在一起会增加感染压力。病原微生物可长时间地在肮脏和污染的环境中存活，而在干燥和干净的条件下死亡。

找到犊牛腹泻的原因需要掌握很多信息，如犊牛的生活环境、饲料及管理如何，犊牛是否发烧、是否还有其他症状，是否还有其他病牛以及最近有什么应激发生等，通常情况下还需要实验室检测。

（四）犊牛的断奶

传统的犊牛哺乳时间一般为 6 个月，喂奶量 800 千克以上。随着科学研究的进步，人们发现适当缩短哺乳期不仅不会对母牛和犊牛产生不利影响，反而可以节约乳品、降低犊牛培育成本、增加犊牛的后期增重、促进成年牛的提早发情、改善母牛繁殖率和健康状况。早期断奶的时间不宜采用一刀切的办法，需要根据饲养者的技术水平、犊牛的体况和补饲饲料的质量确定。根据我国当前饲养水平，采用总喂乳量 250~300 千克，60 天断奶比较合适。

断奶前犊牛必须吃到足够的精饲料和粗饲料，并且能够从粗饲料中获得足够的营养，这样断奶之后犊牛才能够健康地成长。

断奶后犊牛主要依靠瘤胃来获取营养，因此在断奶时瘤胃必须能够正常工作。判断瘤胃是否正常的标准应根据其体积和内容物，加上消化后粪便的形态来判定。在断奶前犊牛应当每天吃掉至少 1.5 千克的精饲料才能维持其断奶后的生长。

断奶对犊牛来说已经是一种应激，因此其他管理就不要再做改变了。断奶后至少要过 1 周才可并群，并确保有可口的食物，干净的饮水和干燥、舒适的垫床。任何改变都会带来应激，从而造成犊牛食欲下降或不安。

断奶犊牛的体重至少在 80 千克，8 周龄大，而且每天能吃 1.5 千克精饲料。如果没有条件给犊牛称重，则可以测量胸围；位置在前腿后方，取犊牛站立的姿势，用皮尺测量或者用一根绳子在两头打好结后测量绳子的长度。断奶犊牛的胸围至少在 137 厘米。

（五）断奶期犊牛的饲养管理

断奶期是指犊牛从断奶至 6 月龄之间的时期。

1. 断奶期犊牛的饲养

断奶后，犊牛继续饲喂断奶前精、粗饲料。随着月龄的增长，逐渐增加精饲料喂量。至 3~4 月龄时，精饲料喂量增加到每天 1.5~2.0 千克；如果粗饲料质量差，犊牛增重慢，可将精饲料喂量提高到 2.5 千克左右；同时，选择优质干草、苜蓿供犊牛自由采食。4 月龄前禁止饲喂青贮等发酵饲料，干物质采食量逐步达到每头每天 4.5 千克。3~4 月龄以后，可改为饲喂育成牛精饲料。犊牛生长速度以日增重0.65千克以上、4月龄体重110千克、6月龄体重170千克以上比较理想。很多犊牛断奶后1～2周内日增重较低，同时表现出消瘦、被毛凌乱、没有光泽等症状。这是犊牛的前胃机能和微生物区系正在建立，尚未发育完善的缘故，随着犊牛采食量的增加，上述现象很快就会消失。

2. 断奶期犊牛的管理

断奶后的犊牛，除刚断奶时需要特别精心管理外，以后随着犊牛的长大对管理的要求相对降低。犊牛断奶后应进行小群饲养，将月龄和体重相近的犊牛分为1个群，每群10～15头。犊牛一般采取散放饲养，自由采食、自由饮水，但应保证饲料和饮水的新鲜和卫生。注意保持牛舍清洁、干燥，定期消毒。每天保证犊牛不少于2小时的户外运动。每月称重，并做好记录，对生长发育缓慢的犊牛要找出原因。同时，定期测定体尺，根据体尺和体重来评定犊牛生长发育的好坏。

二、育成母牛的饲养管理

（一）育成母牛的生长

育成牛是指7月龄至配种前（一般为14～16月龄）的牛。育成牛分为小育成牛（7～12月龄）和大育成牛（13～17月龄）。

7～12月龄是母牛达到生理上最高生长速度的时期，此期是性成熟时期，性器官和第二性征发育很快，体躯向高、向长急剧生长，前胃相应发达，容积扩大1倍左右，因此在饲料供给上应满足其快速生长的需要，避免生长发育受阻，以致影响其终生产奶潜力的发挥。

13月龄至初配受胎时期的育成母牛消化器官已基本成熟，此阶段育成母牛没有妊娠和产奶负担，而利用粗饲料的能力大大提高。因此，提供优质青、粗饲料基本能满足其营养需要，只需少量补饲精饲料。

（二）育成母牛的管理

1. 分群

在育成时期，不论采取拴系饲养或散栏饲养，母牛都要分群管理。一般把 12 月龄及以内分 1 个群，13 月龄及以上到配种前分成 1 个群。以 40~50 头组成 1 个群，每群牛月龄差异不超过 3 个月。

2. 运动和刷拭

舍饲时，平均每头牛占用运动场的面积应在 15 米² 左右，每天运动不少于 2 小时。育成母牛一般采用散养，除恶劣天气外，可终日在运动场自由活动。同时，在运动场设食槽和水槽，供母牛自由采食青、粗饲料和饮水。保持每天刷拭 1~2 次，每次不少于 5 分钟。

3. 修蹄

育成母牛生长速度快，蹄质较软、易磨损。因此，从 10 月龄开始，每年春、秋季应各修蹄 1 次，以保证牛蹄的健康。

4. 乳房按摩

乳房按摩可促进乳腺的发育和产后泌乳量的提高。育成母牛在 12 月龄以后即可每天进行 1 次乳房按摩。按摩时，用热毛巾轻轻揉擦，避免用力过猛。

5. 称重和测定体尺

育成母牛应每月称重，并测量 12 月龄、16 月龄的体尺，详细记入档案，作为评判育成母牛生长发育状况的依据。一旦发现异常，应尽早查明原因，及时调整日粮结构，以确保 17 月龄前达到参配体重。

6. 适时配种

育成母牛的适宜配种年龄应依据发育情况而定。中国荷斯坦牛的理想配种体重为 350~400 千克（成年体重的 70% 左右），体高 122~126 厘米，胸围 148~152 厘米。娟姗牛理想配种体重为 260~270 千克。对超过 14 月龄未见初情的后备母牛，必须进行产科检查和营养学分析。

三、初孕母牛的饲养管理

初孕母牛是指从初配受胎到初次产犊前的母牛。该时期，母牛由于自身还处于生长发育阶段，饲养上除考虑胎儿生长发育外，还应考虑其自身生长发育所需的营养。根据体膘状况和胎儿发育阶段，合理控制精饲料饲喂量，防止过肥或过瘦，体况评分以 2.75~3.25 分为宜。过肥会导致难产及产后综合征的发生。初孕母牛往往不如经产母牛温顺，在管理上必须特别耐心，应通过每天刷拭、按摩等与之接触，使其养成温顺的性格。严禁打牛、踢牛，做到人牛亲和、人牛协调。

（一）做好保胎

确诊妊娠后，要特别注意母牛的安全，重点做好保胎工作，预防流产或早产。禁止驱赶运动，防止牛跑、跳、相互顶撞和在湿滑的路面行走，以免造成机械性流产。对于配种后又出现发情的母牛，应仔细进行检查，以确定是否是假发情，防止误配导致流产。防止母牛吃发霉变质的食物，避免长时间雨淋等。

（二）乳房按摩

从开始配种起，每天上槽后按摩乳房 1~2 分钟，促进乳房的生长发育。妊娠后期初孕母牛的乳腺组织处于快速发育阶段，应增加每天乳房按摩的次数，一般为每天 2 次、每次 5 分钟，直到该牛乳房开始出现生理水肿为止（一般为产前 15 天）。但这个时期切忌擦拭乳头，以免擦去乳头周围的蜡状保护物，引起乳头龟裂，或因擦掉乳头堵塞物而使病原菌从乳头孔侵入，导致乳房炎和产后乳头坏死。

（三）运动

每日运动 1~2 小时，可防止难产，保持牛的体质健康。但应避免驱赶运动，防止流产。有放牧条件的也可进行放牧，但要比育成牛的放牧时间短。

（四）刷拭

每天刷拭 1~2 次，每次不少于 5 分钟，可培养初孕母牛温顺的习性。

（五）保持卫生，做好接产准备

保持圈舍和产房干燥、清洁，严格执行消毒程序。分娩前 2 个月的初孕母牛，应转入成年牛舍与干乳牛一样进行饲养。临产前 2 周，应转入产房饲养，产房要预先做好消毒。预产期前 2~3 天再次对产房进行清理消毒。初产母牛难产率较高，要提前准备齐全助产器械，洗净消毒，做好助产和接产准备。

（六）保证饮水

供给足够的饮水，最好设置自动饮水装置，防止母牛饮冰冻的水。

（七）计算好预产期

在产前 30 天，应将妊娠的初孕母牛移至 1 个清洁、干燥围产群饲养。存栏较多的牛场，可单独组群饲养围产期初孕母牛，以适应产后高精饲料日粮。

（八）控制好体况

初孕母牛产犊时，体况评分不宜超过 3.5 分。

四、成母牛的饲养管理

（一）围产期的饲养管理

围产期指的是母牛临产前 15 天到产后 15 天这段时期。

1. 围产前期的饲养管理

围产前期是指母牛临产前 15 天。

（1）预产期前 15 天母牛应转入产房，进行产前检查，随时注意观察临产征候的出现，有产犊症状应做好接产准备。有产犊症状是指母牛露胎膜或破羊水。产房必须有水、有料、干净、干燥、舒适且有专人看管接产。

（2）临产前 2~3 天日粮中适量加入麦麸以增加饲料的轻泻性，防止便秘。

（3）日粮中适当补充维生素 A、维生素 D、维生素 E 和微量元素。

（4）母牛临产前一周会发生乳房膨胀、水肿，如果情况严重应减少糟粕饲料的供给。

2. 围产后期的饲养管理

围产后期是指母牛产后 15 天这段时间。

（1）母牛分娩后体力消耗极大，分娩后应与犊牛马上分开，安静休息。分娩后的母牛应先灌服营养补液或饮温麦麸红糖水 20 升（麦麸 1 000 克、红糖 500 克、盐 200 克、温水 20 升、水温 40 ℃），给予优质干草让其自由采食。

（2）加强母牛产后的监护，尤其应注意胎衣的排出与否及完整程度，以便及时处理。促进胎衣排出，可直接注射缩宫素。胎儿产出 5~6 小时胎衣应该排出，应仔细观察完整情况，如胎儿产后 12 小时胎衣尚未排出则应由兽医处理；胎衣排出后，应马上清除，防止母牛吞食。

（3）产后第 1 天仍按产前日粮饲喂，从产后第 2 天起可根据母牛健康情况及食欲，每日每头牛增加 0.5~1.0 千克精饲料，并注意饲料的适口性，注意控制青贮、块根、多汁饲料的供给。

（4）母牛产后应立即挤初乳饲喂犊牛，第 1 天只挤出够犊牛吃的奶量即可，第 2 天挤出乳房内奶的 1/3，第 3 天挤出 1/2，从第 4 天起可全部挤完。每次挤奶前应对乳房进行热敷和轻度按摩。

（5）注意母牛外阴部的消毒和环境的清洁干燥，防止产褥疾病的发生。

（6）夏季注意产房的通风与降温，冬季注意产房的保温与换气。产房必须要保持洁净，其垫料要勤加更换，保持产房干净、垫料松软，垫料应保证压实后5厘米厚。

（7）采用新产牛全混合日粮（TMR）配方：精饲料9.0千克、苜蓿4.0千克、湿啤酒糟4.5千克、全棉籽2.0千克、甜菜粕2.0千克、青贮玉米12.5千克。

（二）泌乳期的饲养管理

1. 泌乳早期的饲养管理

母牛产后1~100天称为泌乳早期。

目标：头胎牛日泌乳量大于35千克；经产牛日泌乳量大于45千克；体况评分大于2.5分。

（1）产后第1天按产前日粮饲喂，第2天开始每日每头牛增加0.5~1.0千克精饲料，只要产奶量继续上升，精饲料给量就继续增加，直到产奶量不再上升为止。

（2）多喂优质干草，最好在运动场中自由采食。青贮水分不要过高，否则应限量。干草进食不足可导致瘤胃酸中毒和乳脂率下降。

（3）多喂精饲料，提高饲料能量浓度，必要时可在精饲料中加入保护性脂肪。

（4）为防止高精饲料日粮可能造成的瘤胃pH值下降，可在日粮中加入适量的碳酸氢钠和氧化镁。

（5）增加饲喂次数，由一般的每日3次增加到每日5~6次。

（6）在日粮配合中增加非降解蛋白的比例。

（7）在饲养时观察体况、奶量、粪便。

（8）母牛行为观察：反刍时间、胃的饱满程度、肢蹄病。

2. 泌乳中期的饲养管理

母牛产后 101~200 天称为泌乳中期。

目标：减缓奶量下降的速度，恢复体况。

泌乳中期又称泌乳平稳期，此期母牛的产奶量已经达到高峰并开始下降，而采食量仍在上升，进食营养物质与乳中排出的营养物质基本平衡，体重保持相对稳定，不再下降。饲养方法上可尽量维持泌乳早期的干物质进食量，或稍有下降，而以降低饲料的精粗比例来调节进食的营养物质量，日粮的精粗比例可降至 45：55 或更低。

泌乳中期母牛一般使用中产牛日粮配方：精饲料 10.0 千克、苜蓿 2.5 千克、羊草 2.5 千克、湿啤酒糟 2.5 千克、甜菜粕 0.5 千克、青贮玉米 22.0 千克。

本期管理的核心任务是最大限度地增加母牛采食量，保持母牛体况稳定，延缓泌乳量下降速度。其管理工作重点：一是每月产奶量下降的幅度控制在 5%~7%；二是母牛自产犊后 8~10 周应开始增重，日增重幅度控制在 0.25~0.50 千克；三是饲料供应上，应根据产奶量、体况，定量供给精饲料，粗饲料的供应则为自由采食；四是充足的饮水和加强运动，并保证正确的挤奶方法及进行正常的乳房按摩。

3. 泌乳后期的饲养管理

母牛产后 201 天至干奶之前的这段时间称为泌乳后期。

目标：调整体况，准备干奶。

泌乳后期母牛的产奶量在泌乳中期的基础上继续下降，且下降速度加快，采食量达到高峰后开始下降，进食的营养物质超过乳中分泌的营养物质，代谢为正平衡，体重增加。此期除阻止产奶量下降过快外，还要保证胎牛正常发育，并使母牛有一定的营养物质贮备，以备下一个泌乳早期使用，但不宜过肥。

泌乳后期日粮配方：精饲料 6.0 千克、羊草 5.5 千克、青贮玉米 24.0 千克。

按时进行干奶。此期理想的总增重为 98 千克左右，平均每日 0.635 千克。此期在饲养上可进一步调低日粮的精粗比例，达 (30∶70)~(40∶60) 即可。

泌乳后期的管理应以恢复母牛体况为主，加强管理，注意保胎，防止流产。做好停奶准备工作，为下胎泌乳打好基础。此期的母牛一般都处于妊娠期，母牛由于受胎盘激素和黄体激素的作用，产奶量开始大幅度下降，每月递减 8%~12%。在饲养管理上，除了要考虑泌乳外，还应考虑妊娠。对于头胎牛，还要考虑生长因素。因此，此期饲养管理的关键是延缓泌乳量下降的速度。同时，使母牛在泌乳期结束时恢复到一定的膘情，并保证胎牛的健康发育。

（三）干奶期母牛的饲养管理

干奶是指在母牛妊娠的最后 60 天左右采用人工的方法使其停止泌乳，停乳的这一段时间称为干奶期。干奶期可划分为干奶前期和干奶后期。

1. 干奶前期的饲养

干奶前期指从干奶之日起至泌乳活动完全停止、乳房恢复正常的时期。此期的饲养目标是尽早使母牛停止泌乳活动，乳房恢复正常，饲养原则为在满足母牛营养需要的前提下不用青绿多汁饲料和副料（啤酒糟、豆腐渣等），而以粗饲料为主，搭配一定的精饲料。

2. 干奶后期的饲养

干奶后期是从母牛泌乳活动完全停止、乳房恢复正常至分娩的时期。饲养原则为母牛应有适当增重，使其在分娩前体况达到中等程度。日粮仍以粗饲料为主，搭配一定的精饲料，精饲料给量视母牛体况而定，体瘦者多些，胖者少些。在分娩前 6 周开始增加精饲料给量，体况差的牛早些，体况好的牛晚些，每头牛每周酌情增加精饲料 0.5~1.0 千克，视母牛体况、食欲而定，其原则为使母牛日增重在 500~600 克，全干奶期增重 30~36 千克。

3. 干奶期的管理

（1）加强户外运动以防止肢蹄病和难产，并可促进维生素 D 的合成以防止产后瘫痪的发生。

（2）避免剧烈运动以防止机械性流产。

（3）冬季饮水水温应在 10 ℃以上，不饮冰冻的水，不喂腐败、发霉、变质的饲料，以防止流产。

（4）母牛妊娠期皮肤代谢旺盛，易生皮垢，因而要加强刷拭，促进血液循环。

（5）加强干奶牛舍及运动场的环境卫生管理，有利于防止乳房炎的发生。

五、育肥牛的饲养管理

育肥牛即肉用牛，是一类以生产牛肉为主的牛。肉牛的特点是体躯丰满，增重快，饲料利用率高，产肉性能好，肉质口感好。

（一）育肥制度

根据当地自然条件、饲养条件和技术条件，采用适当的育肥制度。

1. 小牛肉育肥制度

这是一种持续育肥或一贯育肥法，犊牛由母牛自然哺乳或自由采食代乳品。可喂少量粗饲料。犊牛 7~9 月龄时，体重达 300 千克左右，屠宰上市。

2. 杂种牛 18 月龄育肥制度

这是一种架子牛育肥方法。春季产犊，夏季放牧，冬季舍饲。第 2 年夏季放牧与舍饲相结合，补以精饲料进行育肥。在入冬前，牛一岁半左右屠宰。

3. 杂种牛 30 月龄育肥制度

在 18 月龄时牛不能屠宰，需再过 1 个冬季，到第 3 年夏季放牧结束，入冬前，牛两岁半左右屠宰。

4. 肉牛百日育肥制度

架子牛驱虫、公牛去势，适应期饲养 10～15 天。育肥前期为 40～45 天，按日增重供给精饲料，粗饲料自由采食，精粗比例为 4∶6。育肥后期 45 天，精粗比例为 6∶4。育肥牛膘度和体重达到出栏标准时，及时出栏屠宰。

（二）育肥方法

可选择舍饲直线育肥法、放牧+补饲育肥法。

1. 舍饲直线育肥法

在断奶后就提供比较好的营养，使其日增重在 1.0 千克以上，18～20 月龄时体重达到 500～550 千克，即可出栏。这种方法要用较多的精饲料，饲料成本较高。因此，只适用于饲料利用率高的专门化品种肉牛，生产高档优质牛肉。

1）饲养方案

舍饲直线育肥的饲养方案见表 2-1、表 2-2。

表 2-1　舍饲直线育肥的日粮饲养方案

阶段（月龄）	日粮组成（千克）			目标日增重（千克）
	精料	青贮玉米	干草	
7～8	2.2	6	1.5	0.8
9～10	2.8	8	1.5	1.0

（续表）

阶段 （月龄）	日粮组成（千克）			目标日增重 （千克）
	精料	青贮玉米	干草	
11～12	3.3	10	1.8	1.0
13～14	3.6	12	2.0	1.0
15～16	4.1	14	2.0	1.0
17～18	5.5	14	2.0	1.2

表2-2　舍饲直线育肥的精饲料配方

阶段 （月龄）	原料用量（%）						
	玉米	麦麸	豆粕	棉粕	石粉	食盐	碳酸氢钠
7～10	32.5	24	7	33	1.5	1	1
11～14	52.0	14	5	26	1.0	1	1
15～18	67.5	4	—	26	0.5	1	1

2）日常管理

舍饲直线育肥法，要注意搞好卫生；防暑防寒，保持环境温度15～25 ℃为宜；用长度为40～60厘米的缰绳拴系、定槽，限制活动；开始育肥前驱虫1次。

2. 放牧+补饲育肥法

在牧草条件较好的地区，犊牛断奶后以放牧为主，根据草场情况，每天补饲少量精饲料，在18～20月龄达到350～400千克的时候出栏。此法简单易行，以本地资源为主，饲养成本较低，适用于本地牛或杂交改良牛。

1）饲养方案

1～3月龄：随母自然哺乳，早吃初乳，吃足常乳，提早开食，自由采食牧草，每日每头补饲精饲料 0.1 千克。

4~6 月龄：继续随母自然哺乳，自由采食牧草，每日每头补精饲料 0.25 千克，到 6 月龄强制断奶。

7~12 月龄：半放牧半舍饲饲养，白天放牧，晚间 8 点进行 1 次补饲，每日每头补饲精饲料 1~2 千克。

13~15 月龄：只放牧，不补饲，让牛充分地采食牧草。

16~18 月龄：全天放牧，早晨、中午临时休息时和晚间补精饲料。每日每头补饲精饲料 2~4 千克。

经过快速育肥，18 月龄、体重达 350 千克时出栏屠宰。

2）日常管理

按 30~40 头/群进行分群轮牧；注意防暑防寒；在放牧场地设置遮阴棚，放置补盐砖、饮水器，让牛休息、饮水等。

（三）架子牛育肥技术

18~24 月龄肉牛，在出栏前的 3~4 个月进行催肥，称架子牛育肥。

1. 育肥方法

（1）育肥前期（适应期）：约需 15 天。让刚进场的架子牛充分饮水，自由采食粗饲料，上槽后仍以粗饲料为主，每天每头 0.5 千克精饲料，与粗饲料拌匀后饲喂，逐渐增加到 1 千克，尽快完成适应期，日增重可达到 0.8 千克。精饲料参考配方：玉米 51%、豆粕 25%、麦麸 23%、骨粉 0.5%、盐 0.5%。先喂粗饲料，后喂精饲料，每天喂 3 次。

（2）育肥中期（过渡期）：通常为 30 天左右。此期应选用全价、高效、高营养的饲料，让牛逐渐适应精饲料型日粮，日增重可达到 1 千克左右。精饲料参考配方：玉米 51%、豆粕 25%、麦麸 23%、骨粉 0.5%、盐 0.5%。每天每头喂 1~2 千克精饲料，粗饲料自由采食，先喂粗饲料，后喂精饲料，每天喂 3 次。

（3）育肥后期（催肥期）：约需 45 天。适当增加饲喂次数，并保证充足饮水。日粮以精饲料为主，日增重 1.2 千克左右。精饲料参考配方：玉米 54%、豆粕 30%、麦麸 15%、骨粉 0.5%、盐 0.5%。每天每头喂 2~4 千克精饲料，粗饲料自由采食，先喂粗饲料，后喂精饲料，每天喂 3 次。

2. 架子牛的管理

育肥架子牛一般采取单槽舍饲，短缰拴系，限制活动，使其囤膘增肥。拴系的缰绳长 40~60 厘米，日喂 3 次，保证充足饮水。做到五净，即草料净、饮水净、饲槽净、牛舍净、牛体净。牛舍内要保持干燥，每月消毒 1 次。架子牛经过 3 个月左右育肥后，总增重量达 80~90 千克，即可出栏。

第二节　牛常见疾病防治技术

一、口蹄疫

（一）主要症状

这是由病毒引起的急性、热性人畜共患传染病，主要通过消化道和呼吸道传染。口腔黏膜和蹄部发生水疱、烂斑，严重时蹄壳脱落。病牛体温升高，水疱破裂后体温便降至常温。

（二）防治方法

应用口蹄疫病毒灭活疫苗进行免疫注射，免疫期半年。发现病牛时，应立即采取隔离及其栏圈消毒措施。对病死牛尸体要进行深埋处理。对病牛要加强护理，喂给易消化的稀料，使其多饮水，并用 0.1% 高锰酸钾或 1%~5% 硼酸洗口及蹄壳。

二、炭疽病

（一）主要症状

这是由炭疽杆菌引起的人畜共患的一种急性、热性、败血性传染病，该病多发生在夏季。发病初期，病牛体温升高到 42 ℃，食欲不振，反刍停止，呼吸极度困难，黏膜发紫，有出血点。初期便秘，后期腹泻带血，有的发病数小时即死亡。亚急性型的病情缓和，症状在体表各部，如喉部、颈部、胸前、腹下、肩胛等部位的皮肤，以及直肠、口腔黏膜等处出现肿胀，甚至坏死。死后瘤胃胀气，口、鼻、耳、眼、肛门等孔窍流出有色泡沫，黏膜、皮下有出血点。

（二）防治方法

每年要给牛注射 1 次无毒炭疽芽孢苗或Ⅱ号炭疽芽孢苗进行预防。对于病牛，早期用抗生素以及磺胺类可有效治疗。成年牛每次可肌内注射青霉素 100 万~300 万国际单位，每日 4 次，后期治疗效果不大。

三、牛结核病

（一）主要症状

该病是一种人畜共患传染病，一般以奶牛感染该病的情况较多，该病的特征是在器官和组织中形成结核结节。

（二）防治方法

每年春、秋季用结核菌素对牛群进行接种（点眼及皮下注射），发现病牛，及时隔离治疗或捕杀；严格消毒牛栏，可用20%石灰乳、20%漂白粉或5%来苏尔消毒。

患病初期每日用 3~4 克异烟肼分 3~4 次混在精饲料中饲喂，3 个月为一个疗程；症状严重的病牛每日口服异烟肼 1~2 克，同时肌内注射链霉素，每次 3~5 克，隔日 1 次。

四、牛流行热

（一）主要症状

牛流行热是由牛流行热病毒引起的一种急性、热性传染病。突然发病，体温 40~42 ℃，稽留 3 天，故又叫"三日热"。皮温不均、阵发性肌肉震颤、精神高度沉郁、鼻干燥、食欲减退或废绝、反刍停止、眼结膜潮红且肿胀流泪、鼻腔多见浆液性分泌物、不愿站立、步态不稳、肌肉和关节疼痛、呼吸困难（多呈腹式呼吸）、流涎。

（二）防治方法

本病目前尚无有效疫苗，主要是在夏、秋季注意防暑，保持圈舍清洁卫生，消灭吸血昆虫等。对于病牛，用 10% 葡萄糖 500~1 000 毫升、10%安那加 10~30 毫升、维生素 C 10~20 毫升，混合后静脉注射，每天 1 次。

五、牛出血性败血症

（一）主要症状

牛出血性败血症是一种急性、热性传染病。特点是突然发病，发生高热、肺炎、咽喉高度水肿，有时出现急性胃肠炎和内脏广泛性出血。

1. 急性败血型

体温高达 40 ℃左右，呼吸急迫，不食，反刍停止，下痢，粪便有时混有血液。常于 24 小时内死亡。本病型常出现在疫情初期。

2. 肺炎型

呈现胸膜肺炎症状，体温升高、呼吸急迫、咳嗽干而痛、流黏性鼻液、呼吸声响亮、喘鸣。眼结膜潮红，流泪。本病型最为常见，病程 3~4 天。

3. 水肿型

特征症状是颌下、喉部肿胀，又叫"箭喉""蟾蜍痣"。有时水肿蔓延到垂肉、胸腹部、四肢等处。眼有急性结膜炎。皮肤和黏膜发绀，呈紫色至青紫色。本病型常在水牛病例中出现。

（二）防治方法

预防为主，每年要进行防疫注射。一旦出现疫情，一般都对疫点的健康牛进行紧急预防注射，可有效地控制疫情。病牛可采用抗菌药物和对症疗法，可收到良好的效果。

六、牛恶性卡他热

（一）主要症状

恶性卡他热是由牛恶性卡他热病毒引起的一种急性、热性传染病。本病以 2~4 岁的牛多见。病牛最初高热，体温 41~42 ℃，稽留热。肌肉震颤、寒战、食欲减退、精神委顿、皮毛松乱、食欲降低、反刍减少、饮欲增加、瘤胃弛缓、泌乳量下降、心脏搏动和呼吸加快、鼻干燥、眼睑肿胀、流泪、眼结膜充血、角膜浑浊、鼻孔流出黏液性或脓性分泌物、口腔黏膜充血或糜烂、流臭味唾液、脑和脑膜发炎、昏睡、腹泻、粪便呈水样恶臭并混有黏液。

（二）防治方法

本病目前尚无有效疫苗，因绵羊有传播本病的可能，所以，禁止牛、羊同群放牧和同圈饲养，发病后按如下方法治疗：注射链霉素，每次按每千克体重 0.2 万~0.5 万国际单位，肌内注射，每天 2 次。

七、流行性感冒

（一）主要症状

牛眼发红肿胀，呼吸困难，关节发炎，眼角、鼻孔流出浆液，发抖，咳嗽，不吃、不倒嚼，体温有时高达41℃以上。

（二）防治方法

预防：注意牛圈保温，加强饲养管理，冷天多饮温水，病牛及时治疗。

治疗：青霉素400万国际单位、穿心莲注射液20毫升、复方氨基比林注射液5毫升，同时肌内注射，每日2次，连用3天。

八、瘤胃积食

（一）主要症状

患牛拱背摆尾、起卧不安、精神紧张、有肝疼现象、食欲减退、停止反刍、瘤胃的蠕动音减弱或消失，严重时呼吸迫促、心脏衰弱、黏膜发绀、四肢战栗、步态蹒跚、躺卧昏迷。主要原因是饲料调配不当，引起消化不良，或吃下过多的发霉、变质草料，误食有毒植物或霉菌也能引起本病。

（二）防治方法

预防：合理配制饲料，不喂发霉、变质饲料。

治疗：停食不停饮，施行瘤胃按摩，牵牛散步不让倒卧。用硫酸镁或硫酸钠500克、鱼石脂15克、水600～800毫升1次灌服，并用毛果芸香碱0.2克皮下注射。中药治疗：大黄100克，芒硝250克，厚朴100克，枳实、枝子各50克，黄苓40克，当归、山楂、郁李仁、火麻仁、莱菔子、牵牛子各100克，广木香40克，香油250克为引，煎水内服。

九、牛膨胀

（一）主要症状

发病原因是在春、夏季，牛吃了大量的豆科鲜草，在瘤胃中发酵产生大量气体，致使牛发生膨胀病。症状表现为食欲不振、反刍停止、背拱头低、腹部迅速膨大、呼吸困难、张口伸舌、眼结膜充血；急性的有发汗、惊恐不安等症状；重者走路摇晃或很快倒地死亡。

（二）防治方法

（1）使病牛站在斜坡上，前高后低，用力按摩左侧穴位，排出瘤胃内气体。

（2）烟叶 30~50 克、植物油 400 克，将植物油烧热炸烟叶 5 分钟，待温给牛 1 次灌服。

（3）植物油 500 克、食醋 250 克、大蒜汁，混合 1 次灌服。

（4）往牛的眼角抹点烟袋油，腹部膨胀会逐渐消失。

十、牛黏膜病

（一）主要症状

牛黏膜病又叫"牛病毒性腹泻"，是由病毒引起的传染病，各种年龄的牛都易感染，幼龄牛易感性最高。患病牛的口腔及消化道黏膜糜烂或溃疡，并发生腹泻。

（二）防治方法

对症治疗和加强护理可以减轻症状，增强机体抵抗力，促使病牛康复。为控制本病的流行并加以消灭，必须采取检疫、隔离、净化、预防等兽医防治措施。预防上，我国已生产一种弱毒冻干疫苗，不同年龄和品种的牛均可接种，接种后表现安全，14天后可产生抗体并保持 22 个月的免疫力。

第三章　羊养殖与疾病防治技术

第一节　羊的饲养管理

一、种公羊的饲养管理

种公羊的饲养管理对提高羊群品质、外形、生产性能和繁育育种影响很大。因此，种公羊的饲养管理要做到科学、合理。

（一）种公羊的基本要求

应常年保持中上等膘情，活泼、健壮、精力充沛、性欲旺盛，精液品质良好，不宜过肥过瘦。

（二）种公羊的饲养管理方法

种公羊的饲养可分为非配种期和配种期。

1. 非配种期

此期饲养要求是保证足够的能量供应，并供给一定量的蛋白质、维生素和矿物质。

在冬、春季，每天应补饲混合精饲料及各种缺乏的营养物质。种公羊冬、春季每天的放牧运动不少于 6 小时，夏季不少于12 小时。

2. 配种期

配种期种公羊的饲养管理必须要认真，管理重点落实到每一个细节。制订严格的管理流程表，对于种公羊的采食、饮水、运动、粪便排泄等情况每天需要详细记录。确保种公羊饲养圈舍清洁卫生，制订严格的消毒流程。确保饲料营养全价，严禁使用霉变饲料，并减少饲料浪费。确保饮用水源洁净卫生，青草或干草必须被放置在草架上进行喂养。为搞好配种期种公羊的饲养管理，可细分为配种准备期、配种期和配后复壮期。

配种准备期是指配种前 1.0～1.5 个月，因为精子的生成，一般需要 50 天左右，营养物质的补充需要较长时间才能见效。所以在此时就应喂配种期日粮。配种期日粮富含能量、蛋白质、维生素和矿物质。混合精饲料时，可按配种期喂量的 60%～70% 给予，逐渐增加到正常喂量。

管理上应对种公羊进行调教（具体方法：把公羊放入发情母羊群里；在别的公羊配种时在旁观摩；按摩睾丸，每日早晚各 1 次，每次 10~15 分钟；将发情母羊阴道分泌物抹在公羊鼻尖上刺激性欲等）。种公羊在配种前 3 周开始进行采精训练。第 1 周隔 2 日采精 1 次，第 2 周隔日采精 1 次，第 3 周每日采精 1 次，以提高公羊的性欲和精液品质，并注意检查精液品质，以确定各公羊的采精利用强度。

配种期为 1.0～1.5 个月，因为公羊 1 次射精需蛋白质 25～27 克，一般成年公羊每天采精 2~3 次，多者达 5~6 次，需消耗大量营养物质和体力，所以种公羊的饲料要多样化。

配后复壮期是指配种结束后的 1.0～1.5 个月，这时的种公羊以恢复体力和增膘复壮为目的。开始时，精饲料的喂量不减，增加放牧或运动时间，经过一段时间后再适量减少精饲料，逐渐过渡到非配种期的营养水平，使其迅速恢复体况。

二、繁殖母羊的饲养管理

繁殖母羊在一年中可分为空怀期、妊娠期和哺乳期 3 个生理阶段，为保证母羊正常生产力的发挥和顺利完成配种、妊娠、哺乳等各项繁殖任务，应根据母羊不同生理时期的特点，采取相应的饲养管理措施。

（一）空怀期

母羊在完成哺乳后到配种受胎前的时期叫空怀期，约为3个月。

这段时期，母羊自身对营养需求相对较少，只要抓住膘，就能按时发情配种，如有条件可酌情补饲。据研究，在配种前1~1.5个月，对母羊加强放牧，突击抓膘，甚至在配种前15~20天实行短期优饲，母羊则能够发情整齐、多排卵、提高受胎率和产羔率。

（二）妊娠期

妊娠期可分为妊娠前期（前3个月）和妊娠后期（后2个月）。

1. 饲养

妊娠前期胎儿小、增重慢、营养需求较少。通常秋季配种后牧草处于青草期或已结籽，营养丰富，可完全放牧；但如果配种季节较晚，牧草已枯黄，放牧不能吃饱时就应补饲。日粮组成：苜蓿50%、青干草30%、青贮饲料15%、精饲料5%。

妊娠后期胎儿大、增重快、营养需求较多，又处在枯草季节，仅靠放牧不能满足其营养需求。母羊的营养要全面，若营养不足，则羔羊体小毛少、抵抗力弱、容易死亡，母羊分娩衰竭、泌乳减少。但这并不代表营养越多越好，若母羊过肥，则容易出现食欲减退，反而使胎儿营养不良。因此，在妊娠的最后5~6周，怀单羔的母羊可在现有喂量的基础上增加12%，怀双羔的母羊则增加25%。日粮组成：混合精饲料0.45千克、优质干草1.0~1.5千克、青贮饲料1.5千克。精饲料比例在产前6~3周增至 18%~30%。

在母羊体质健壮、发育良好的情况下，产前一周要逐渐减少精饲料，产后一周要逐渐增加精饲料，以防因产奶量多、羔羊小、需奶量少而导致乳房炎。

2. 管理

（1）严防妊娠母羊腹泻：青饲料含水分过多或采食带露水的青草，常会引起妊娠母羊腹泻，使肠蠕动增强，极易导致妊娠母羊流产，应注意青、干草料搭配。

（2）避免妊娠母羊吃霜草、霉变料和饮用冰碴水。

（3）严防急追暗打、突然惊吓，以免流产。

（4）出入圈、放牧、饮水时要慢要稳，防止滑跌、拥挤，并在地势平坦的地方放牧。

（5）患病的妊娠母羊严禁打针驱虫。

（6）在放牧饲养为主的羊群中，妊娠后期冬季放牧每天 6 小时，放牧距离不少于 8 千米；但临产前 7~8 天不要到远处放牧，以免产羔时来不及回羊圈。

（7）母羊产前征兆：肷窝下陷、腹围下垂、乳房肿大、阴门肿大且流出黏液、常独卧墙角、排尿频繁、举动不安、时起时卧、不停地回头望腹、发出鸣叫等。对羊舍和分娩栏进行一次大扫除、大消毒，修好门窗，堵好风洞，备足褥草等，通知有关人员要做好分娩前的准备工作。

（三）哺乳期

哺乳期的长短取决于育肥方案的要求，一般为 3~4 个月。

1. 饲养

羔羊出生后 2 个月内的营养主要靠母乳，故母羊的营养水平应以保证泌乳量多为前提。

哺乳母羊的营养水平与下列因素有关。

1）与泌乳量有关

通常每千克鲜奶可使羔羊增重 176 克，而肉用羔羊一般日增重 250 克，故日需鲜奶 1.42 千克。再按每产 1 千克鲜奶需风干饲料 0.6 千克计算，则哺乳母羊每天需风干饲料 0.85 千克。据研究，哺乳母羊产后前 25 天喂给高于饲养标准 10%～15% 的日粮，羔羊日增重可达 300 克。

2）与哺乳羔羊的数量有关

一般补饲情况如下。①精饲料：产单羔母羊为 0.5 千克，产双羔母羊为 0.7 千克，哺乳中期以后减至 0.3～0.4 千克。②青干草：产单羔母羊日补饲苜蓿干草和野干草各 0.5 千克，产双羔母羊日补饲苜蓿干草 1.0 千克。多汁饲料均补饲 1.5 千克。

2. 管理

（1）对产后头 3 天的母羊，应给以易消化的优质干草，尽量不补饲精饲料。因为大量的精饲料往往会伤及肠胃，导致消化不良或发生乳房炎。以后根据母羊的肥瘦、食欲及粪便的状态等，灵活掌握精饲料和多汁饲料的喂量，一般到 10～15 天后，再按饲养标准喂给应有的日粮。

（2）要保证充足的饮水和羊舍清洁干燥。

（3）胎衣、毛团等污物要及时清除，以防羔羊吞食得病。

（4）要经常检查母羊乳房，以便及时发现奶孔闭塞、乳房炎、化脓或无奶等情况。

三、哺乳羔羊的饲养管理

羔羊的哺乳期可分为哺乳前期、哺乳中期和哺乳后期 3 个阶段。

（一）哺乳前期（出生至 20～25 日龄）

此期白天夜晚母子共圈，应做好哺乳、早开食、早运动和加强护理等工作。

1. 哺乳

早吃初乳：生后 1~3 天，要注意让羔羊吃好初乳。母羊的初乳中含有丰富的蛋白质、脂肪、抗体以及大量的维生素和镁盐，对羔羊增强体质和排出胎粪有很重要的作用。因此，羔羊出生后 20~30 分钟，能自行站立时，就应人工辅助其吃到初乳。但要注意：第 1 次吃奶前，一定要把母羊乳房擦洗干净，并挤掉少量乳汁后再让羔羊吃奶。

吃足常乳：此期羔羊以母乳为生。充足的奶水，可使羔羊 2 周龄体重达到其出生重的 1 倍以上。达不到这一标准者则说明母羊奶水不足，需多加精饲料和多汁饲料，促使母羊多产奶。此期宜采用羔羊跟随母羊自由哺乳的方式。

2. 早开食

出生后 7~10 天的羔羊，能够舔食草料或食槽、水槽时，就应开始喂青干草和饮水。故羔羊舍内应常备青干草、粉碎饲料或盐砖、清洁饮水等，以诱导羔羊开食，刺激其消化器官的发育。

出生后 15~20 天的羔羊，随着羔羊采食能力的增强，应在 15 日龄就开始补饲混合精料，方法以隔栏补饲最好，其喂量应随日龄而调整。一般情况下 15 日龄的羔羊日喂量为 50~75 克，30~60 日龄达到 100 克，60~90 日龄达到 200 克，90~120 日龄达到 250 克。

3. 早运动

出生后 10 日龄左右的羔羊，可在晴朗天气里，放入运动场让其自由活动，增强体质，出生后 20 日龄的羔羊可在附近草场上自由放牧。

4. 加强护理

初生羔羊体温调节功能不完善，血液中缺乏免疫抗体，肠道适应性差，抗病或抗寒能力差，故出生后1周内死亡较多，据研究，7天之内死亡的羔羊占全部死亡数的85%以上，危害较大的疾病是"三炎一痢"（即肺炎、肠胃炎、脐带炎和羔羊痢疾）。要加强护理，搞好棚圈卫生，避免贼风侵入，保证吃奶时间均匀，以提高羔羊成活率。羔羊时期坚持做到"三早"（即早喂初乳、早开食和早断奶）、"三查"（即查食欲、查精神和查粪便），可有效地提高羔羊成活率。

（二）哺乳中期（20~25日龄至母子合群放牧）

在这段时间里要抓好两点。

1. 饲料多样化

羔羊由单靠母乳供给营养改变为母乳加饲料。饲料的质量和数量直接影响羔羊的生长发育，应以蛋白质多、粗纤维少、适口性好的饲料为佳。

2. 定时哺乳

母子分群管理，定时哺乳。在羊栏中设建羔羊自由进出口（通道）以便羔羊补饲。

（三）哺乳后期（母子合群放牧至羔羊断奶）

此期白天母子同群外出放牧，夜间共圈休息。

饲养上，羔羊采食能力增强，由中期的母乳加草料变为现在的草料加母乳。应加强补饲，以减轻羔羊对母羊的依赖，选择适当时机及时断奶，尽量减轻断奶对羔羊的应激，保证羔羊的正常生长发育。

四、育成羊的饲养管理

育成羊是指断奶后到初配前的羊。这个阶段羊的消化功能从不健全发育到健全和完善，生长发育达到性成熟，再继续发育到体成熟。羊的性成熟年龄在4~10月龄，出现第1次发情症状和排卵时，体重是成年羊的 40%~60%，此时生长发育尚未完全，不适宜配种。羊的体成熟是指性成熟后继续发育到体重为成年羊的 70% 时。育成期有 2 个显著特点，即断奶造成的应激和生长快速而相对营养不足。在整个育成阶段，羊只生长发育较快，营养物质需要量大，如果营养不良，就会显著影响生长发育，从而造成个头小、体重轻、四肢高、胸窄、躯干偏小。同时，还会使体质变弱、被毛稀疏，性成熟和体成熟推迟、不能按时配种影响生产性能，甚至失去种用价值。可以说，育成羊是羊群的未来，其培育质量是羊群的关键。

（一）饲养

羔羊断奶前后适当补饲，可避免断奶造成的应激，并对以后的育肥增重有益。因此，断奶初期最好早晚 2 次补饲，并在水、草条件好的地方放牧。秋季应狠抓秋膘。越冬时应以舍饲为主、放牧为辅，每天每只羊应补给混合精饲料 0.2~0.5 千克。育成公羊由于生长速度比母羊快，所以其饲料定额应高于母羊。

优质青干草和充足的运动，是培育育成羊的关键。充足而优质的干草，有利于消化器官的发育，培育成的育成羊骨架大、采食量大、消化力强、活重大。若料多而运动不足，培育成的育成羊个子小、体短肉厚、种用年限短。运动对于育成公羊来说更重要，每天运动时间应在 2 小时以上。

（二）管理

断奶后，应按性别、大小、强弱分群：先把弱羊分离出来，尽早补充富含营养且易于消化的饲料、饲草，并随时注意大群中体况跟不上的羊只，及早隔离出来，给予特殊的照顾。根据增重情况，调整饲养方案。

第 1 年入冬前，对育成羊群集体驱虫 1 次。同时防止羔羊肺炎、大肠杆菌病、羔羊肠痉挛和肠毒血症等发生。

（三）适时配种

一般育成母羊在满 8~10 月龄、体重达到 40 千克或达到成年母羊体重的 65% 以上时配种，育成母羊的发情不如成年母羊明显和规律，因此要加强发情鉴定，以免漏配。育成公羊须在 12 个月龄以后，体重达 70 千克以上再配种。

育成羊的发育状况可用预期增重来评价，故按月固定抽测体重是必要的。要注意称重应在早晨未饲喂前或出牧前进行。

五、育肥羊的饲养管理

（一）育肥方式

1. 舍饲育肥

第一种是将山羊关养，让山羊自由采食青贮饲料、微贮饲料或优质干草。第二种是割草饲喂，每天每只山羊喂 3~5 千克青草，再补饲精料 0.2~0.4 千克即可；每天饲喂 2~3 次，上、下午饲喂后可让羊到运动场自由活动。

2. 放牧育肥

该方式节约成本、充分利用草场、肉质好，但易受气候及草场等因素的影响，育肥效果不稳定。一般选在 8—10 月份夏、秋季放牧育肥，放牧 2~3 个月体重达 30~40 千克时出栏。选择牧草丰富的草场，实行划区放牧，每 7 天左右轮换 1 次，保持每天每只山羊在 3~5 小时采食到 5 千克以上草料，一般晚上不补饲。放牧时，水、盐、草缺一不可，可将盐撒在草坡石板上或放在盐槽内供羊自由舔食，每只羊日供盐量 5~15 克。阴雨天不能放牧，则参照舍饲育肥法饲养。

3. 混合育肥

一般为夏、秋季晴天放牧饱食草料。冬、春季枯草期及阴雨天参照舍饲育肥法饲养。

（二）羔羊育肥技术

要求选体格大、早期生长速度快的肉用品种或杂交种的断奶羔羊，一般经过 60~90 天全程舍饲育肥后体重达 30~40 千克上市。

羔羊出生后随母羊生活，20 日龄开始利用隔栏补饲方法训练采食精饲料，30 日龄起能正式采食精饲料、优质干草等，45~60 日龄断奶，实行圈内留仔不留母。羔羊参照舍饲育肥法饲养至出栏。

（三）成年山羊育肥技术

成年山羊育肥主要是瘦弱羊及来自繁殖群中的淘汰老母羊和公羊，其在年龄、体格、体重、膘情及健康方面均有较大的差异。因此在育肥前要做好称重、分群、防疫和驱虫等工作。

1. 舍饲育肥技术

一般将整个育肥期分为适应期、过渡期和催肥期 3 个阶段。适应期一般为 10 天，饲料以优质干草为主，不喂或少喂精饲料。过渡期一般为 25 天，逐渐增加精饲料的喂量，饲喂量为每天 0.3~0.4 千克/只。催肥期的精饲料饲喂量则为每天 0.5~0.6 千克/只，饲喂次数由每天 2 次变为每天 3 次。山羊可自由采食青贮饲料、微贮饲料或优质干草等饲草；或每天每只山羊喂 3~5 千克青草，尽量让羊吃饱，经育肥 50 天左右即可上市。

2. 放牧加补饲技术

夏、秋季由于牧草丰盛，以放牧为主，辅以补饲精饲料，其效果也不错。成年羊日采食青草 5~6 千克，补饲精饲料 0.3~0.4 千克即可。一般在早、晚进行补饲，经 30~40 天育肥即可上市。

六、奶山羊的饲养

奶山羊的饲养对其产奶量有重大影响，奶山羊的饲养可以分为泌乳初期、泌乳上升期、泌乳下降期和干乳期4个时期。

（一）泌乳初期

奶山羊产羔后就开始泌乳进入泌乳初期，一般为2~3周。刚开始的1周内，奶山羊胃肠道空虚，消化能力比较差，但饥饿感很强，食欲会随着羔羊的吃奶而逐渐旺盛，这期间不宜对母羊过早地采取催乳措施，否则容易造成食滞或慢性胃肠疾病，因而影响泌乳量，甚至可影响终生的消化能力。所以，在奶山羊产羔后7天内应以优质青草或干草为主，任其采食。可适当喂给一些含淀粉较多的块根、块茎类饲料，切忌过快地增加精饲料。每天应给3~4次温水，并加入少量的麸皮和食盐，以后逐渐增加精饲料和多汁饲料。直到产羔10天或15天后，再按照饲养标准喂给日粮。但如果产后体况消瘦、乳房膨胀不够，则应早期少量喂给含淀粉的白薯类饲料。

（二）泌乳上升期

泌乳2~3周后，泌乳量会逐渐上升。这一时期奶山羊体内储存的各种养分不断被消耗以保证产奶量，而导致体重减轻。这个时期应喂最好的草料，即相当于体重自身1%~1.5%的优质干草、精饲料（1∶1），不限量地喂青草、青贮饲料，还应补喂一些块根、块茎类多汁饲料，每昼夜投喂3~4次为好，间隔时间尽可能均等。饲喂要按照先粗、后精、再多汁的顺序进行。

（三）泌乳下降期

泌乳2~3个月后，泌乳量达到高峰，持续稳定一段时间后（也有的奶山羊会出现第2个高峰），产奶量开始直线下降，每月大约下降10%。但采食量反而有所增加，以利于恢复体重膘情。这段时间可逐渐减少精饲料，但青草、干草或青贮饲料等不能减少，以保证迅速恢复良好的体况。

（四）干乳期

一般在产羔前2个月要停止挤奶，即干乳期。奶山羊的妊娠后期，由于孕酮的作用，产奶量逐渐减少。这时一方面胎儿发育很快，需要大量营养；另一方面由于母羊在泌乳期内因产奶使体内营养物质消耗较多，需要恢复体况，为下一个泌乳期储备养分。一般干乳期饲养水平应比其维持饲养高 20%~80%。干乳期一定要让母羊有足够的运动，以便顺利产羔，同时要注意保胎，防止流产及早产。

七、绒山羊的饲养管理

（一）绒山羊饲养管理

绒山羊采食能力强、登山能力强、适应能力强，可以很好地利用低矮草地、陡坡等各种复杂的牧地，非常适合放牧管理。放牧加适当的补饲，可促进绒山羊的生长发育和产绒性能的提高。夏、秋季主要以放牧为主，尤其秋季要集中一切力量抓好秋膘，同时，在秋季储备足够多的优质饲草，还要适时补饲，确保过冬。为了多产绒，在饲料中要多供应蛋白质饲料，如黑豆、黄豆、豆饼、豆腐渣和豆秸秆等饲料。

（二）梳绒

绒山羊被毛有 2 层纤维：底层的紧贴羊体着生的纤维称为山羊绒，它是绒山羊的主要产品，是纺织工业的高级原料；上层的长毛为粗毛，也就是人们常说的羊毛。

1. 梳绒时期

我国绒山羊的绒毛一般都是在 2 月末停止生长。到了 4 月下旬至 5 月上旬，绒毛开始脱离皮肤，此时为梳绒的最佳时期。此时羊绒的根部开始松动（俗称"起浮"），判断梳绒时间可以根据羊的耳根、眼圈四周绒脱落情况来定。梳绒过早则不易梳下来，同时，天气太冷，羊只容易感冒。梳绒过晚则羊绒缠结无法梳绒或者造成羊绒丢失。绒山羊的脱绒规律是年龄大的先脱，年龄小的后脱；母羊先脱，公羊后脱；产羔羊先脱，妊娠羊后脱；体弱的先脱，体壮的后脱；头部先脱，后躯后脱。

2. 梳绒方法

春季天气暖和时，绒山羊的颈、肩、胸、背、腰以及股部的山羊绒开始有顺序地松动，表示即将脱绒，此时应及时梳绒。梳绒有2种方法：一是先"打毛梢"，再剪去外层长毛，最后梳绒（注意勿伤绒层）；二是先梳绒，再剪长毛。一般多采用第1种方法，并以手工方法梳绒。

第二节　羊常见疾病防治技术

一、羊炭疽病

（一）主要症状

炭疽病是由炭疽杆菌引起的一种急性、热性人畜共患传染病。羊发生该病多为急性，表现为突然倒地、全身抽搐、颤抖、磨牙、呼吸困难、体温升高到40~42 ℃、结膜发绀；从眼、鼻、口腔、肛门等天然孔流出带气泡的暗红色或黑色血液，且不易凝固，数分钟即可死亡。羊病情缓和时，表现为兴奋不安、行走摇摆、呼吸加快、心跳加速、黏膜发绀；后期全身痉挛、天然孔出血，数小时内即可死亡。

（二）防治方法

（1）在发病率高的地区，每年应坚持给羊注射Ⅱ号炭疽芽孢苗，每只羊皮下注射1毫升。对疑似炭疽病的羊，要严禁剖检、剥皮和食用，病羊尸体应深埋，病羊离群后，全群用抗菌药3天，可起到一定的预防作用。对污染垫草、粪便等要烧毁；对污染的羊舍、用具及地面要彻底消毒，可用10%热碱水、0.1%

氯化汞溶液或 20%～30%漂白粉等连续消毒 3 次，每次间隔 1 小时。

（2）在严格隔离条件下进行治疗。病初，可皮下或静脉注射炭疽血清 50 毫升，4 小时后若体温不退，可再注射 30 毫升。对亚急性病羊，可用青霉素治疗，按每千克体重 1.5 国际单位肌内注射，每 8 小时 1 次，连用 3 天。

二、羊口蹄疫

（一）主要症状

本病又叫"口疮""蹄癀"，是由口蹄疫病毒引起的一种急性、热性、高度接触性传染病。

病羊体温升高，精神不振，食欲低下，常于口腔黏膜、蹄部皮肤处形成水疱、溃疡和糜烂，有时病变也见于乳房部位。口腔损害常在唇内面、齿龈、舌面及颊部黏膜发生水疱和糜烂，疼痛流涎，涎水呈泡沫状。若单纯口腔发病，一般 1～2 周可痊愈；当累及蹄部或乳房时，则 2～3 周方能痊愈。本病一般呈良性经过，死亡率为 1%～2%。羔羊发病则常表现为恶性口蹄疫，发生心肌炎，有时呈出血性胃肠炎而死亡，死亡率可达 20%～50%。

（二）防治方法

（1）疫苗注射：常发生口蹄疫的地区，应根据发生口蹄疫的类型，每年对所有羊只注射相应的口蹄疫疫苗，包括弱毒疫苗、灭活疫苗。

（2）彻底消毒：采用 2%～4%烧碱液、10%石灰乳、0.2%～0.5%过氧乙酸等进行消毒。

（3）紧急预防措施：坚持"早发现、严封锁、小范围内及时扑灭"的原则，对未发病的家畜进行紧急预防接种。

（4）发生疫情应立即上报，实行严密的隔离、治疗、封闭、消毒，限期消灭疫情。将病畜隔离治疗，对养殖点进行封锁隔离，并进行全面彻底消毒，病死畜及其污染物一律深埋，并彻底消毒。

三、羊快疫

（一）主要症状

病羊往往来不及表现临床症状而突然死亡。临床症状为不愿行走，运动失调，腹痛腹泻，磨牙抽搐，最后衰弱昏迷，体温高到41 ℃，口腔、鼻孔流出红色带泡沫的液体，病程极短，多于数分钟至几小时内死亡。死尸迅速腐败膨胀，可视黏膜充血呈暗紫色。

（二）防治方法

（1）常发区定期注射羊三联苗、羊五联苗或羊快疫单苗，皮下或肌内注射5毫克。同时，加强饲养管理和环境消毒，严防寒冷袭击或吃霜冻饲料。

（2）可选用青霉素肌内注射，每天2次；或口服磺胺嘧啶，每次5~6克，连服3~4次；将10%安钠咖与5%葡萄糖氯化钠溶液混合，静脉注射。

四、羊布氏杆菌病

（一）主要症状

多数病例为隐性感染。怀孕羊主要症状是流产，流产发生在怀孕后的3~4个月，多数胎衣不下，易继发子宫内膜炎。有时病羊发生关节炎而出现跛行。公羊发生睾丸炎、睾丸上缩、失去配种能力，行走困难，拱背，逐渐消瘦。

（二）防治方法

（1）坚持自繁自养，不从疫区引进羊只；引进的羊只需在隔离条件下检疫，确定无感染后方可合群。

（2）每年用凝集反应或变态反应定期对可疑羊群进行 2 次检疫，检出的阳性病羊立即淘汰，可疑病羊应及时严格分群隔离饲养，等待复查。

（3）布氏杆菌病常发地区，每年应定期对羊群预防接种，接种过疫苗的不再进行检疫。

（4）根据临床情况，选择适当药物应用。

五、羊肠毒血症

（一）主要症状

羊肠毒血症又叫"软肾病""类快疫"，是由 D 型魏氏梭菌在羊肠道内繁殖产生毒素所引起的急性传染病，以发病急、死亡快、死后肾脏多见软化为特征。

多呈急性经过，病羊突然不安、迅速倒地、昏迷、呼吸困难，继而窒息死亡。病程慢的病羊表现为初期兴奋不安、空嚼咬牙、转圈或撞击障碍物，随后倒地死亡。病羊濒死前，出现腹泻，粪便混有黏液和灰白色假膜、有恶臭气味。鼻流白沫、口色苍白，在昏迷中死亡。本病一般体温不高，病程为 1~4 小时（长者不超过 24 小时）。

（二）防治方法

（1）加强饲养管理，做到精、青、粗和多汁饲料均匀搭配，防止羊食入过多的精饲料或采食过多的多汁嫩草。在本病流行季节前，给羊注射 1 次羊三联苗。当年出生的羔羊，宜在哺乳期和断奶后各注射 1 次羊三联苗，两次间隔 40~50 天。

（2）本病死亡快，多数羊来不及治疗。病程稍长时，可采取下列治疗方法：①用土霉素肌内注射，每天 3 次；②将青霉素与链霉素混合，肌内注射，每隔 6 小时注射 1 次，连注 3~4 次；

③在严重脱水时，静脉注射葡萄糖氯化钠溶液和10%安钠咖，每隔3~5小时注射1次。

六、羔羊痢疾

（一）主要症状

羔羊痢疾是由多种病原微生物引起的一种传染病，大肠杆菌病、沙门氏菌等可参与致病。羔羊痢疾潜伏期1~2天。病羔精神不振、孤独呆立、卧地不起。有时先表现腹痛，继而发生腹泻，粪便绿色、黄绿色或灰白色，恶臭；后期排出带有泡沫的血便，全身高度衰竭、迅速死亡。有时病羔腹胀而不下痢，或只排少量稀粪，但表现出神经症状，四肢瘫软、卧地不起、呼吸急促、口流白沫，最后昏迷。头向后仰，体温降至常温以下，若不紧急救治，常在10小时左右死亡。

（二）防治方法

（1）加强饲养管理，做好母羊夏季抓膘、冬季保膘工作，保证新生羔羊健壮，乳汁充足，增强羔羊抗病力。做好配种计划工作，避免在寒冷季节产羔，注重羔羊保暖。产羔前对羊舍和用具进行彻底消毒；产羔后，用碘酊消毒脐带。做好预防接种，通常在每年秋季给母羊注射羊五联苗或羊痢疾单苗，产前2~3周再接种1次。做好药物预防，可在羔羊出生后12小时内，口服土霉素，每天1次，连服3天，能起到一定的预防效果。

（2）病初可用土霉素加等量胃蛋白酶，水调灌服，每天2次；或用青霉素、链霉素联合注射。对发病较慢、排稀粪的病羔，将磺胺脒、鞣酸蛋白、次硝酸铋、碳酸氢钠混合后，水调灌服，每天3次。对已下痢12天以上的羔羊，可灌服加减乌梅汤，每天1~2次。对初生羔羊肌内注射0.5~1毫升抗羔羊痢疾高免血清能起到保护作用；肌内注射3~10毫升，则能治疗有明显症状的病羔。

七、羊传染性脓疱

(一) 主要症状

羊传染性脓疱又叫"羊口疮",是由羊口疮病毒引起的一种传染病,以患羊口唇等部位皮肤、黏膜形成丘疹、脓疱、溃疡及疣状厚痂为特征。

本病发生时,在羊的嘴唇上先出现散在红疹,渐变为脓疱。脓疱破裂后,覆盖一些淡黄色至褐色的疣状痂皮,痂皮逐渐增厚,扩大干裂。一般经10天左右脱落。病变损害口腔黏膜,首先下唇门齿红肿,继而蔓延至口唇、舌,在下唇黏膜及舌尖两侧尤为常见。黏膜上初为小红斑,水疱期不多看到,经过3天左右红斑处变为芝麻大小的单个脓疱,其内充满淡黄色的脓汁,附近的脓疱渐次融合,随即破裂,形成大小不一的烂斑或溃疡,最后结成疣状厚痂。有些病羊下门齿肉芽增生,高出齿面,红白相间的似蜂窝状。病羊嘴不能闭拢,外观奇特;严重的病羊舌根溃烂、口流脓性恶臭液、不能采食或吞咽困难、被毛粗乱、精神委顿、呆立、常垂头卧立呻吟。以后则可见到严重的增生现象,真皮结缔组织大量增生,将表皮分割成许多乳头状的突起,若病羊得到及时治疗,一般经过3周左右,病变开始痊愈,增生逐渐消失。严重病例若不及时治疗,可导致死亡。

(二) 防治方法

(1) 进羊时做好检疫消毒,勿从疫区购羊或畜产品。保护羊的皮肤和黏膜不受损伤,经常捡出饲料、垫草中的芒刺;加喂适量的食盐和其他矿物质,防止羊啃土或啃墙引起损伤。

(2) 及时隔离病羊,先用水杨酸软膏软化垢痂,除去垢痂后用0.1%~0.2%高锰酸钾溶液冲洗创面,再涂以2%龙胆紫、碘甘油或土霉素软膏，每天 1~2 次。蹄型羊传染性脓疱则将蹄部置于 2%~3% 福尔马林溶液中浸泡 1 分钟，连泡 3 次；或用 3% 龙胆紫溶液、1% 苦味酸溶液或土霉素软膏涂拭患部。

八、肝片吸虫病

（一）主要症状

肝片吸虫病又叫"肝蛭病"，是由肝片吸虫寄生于肝脏胆管内引起的慢性或急性肝炎和胆管炎，同时伴有全身性中毒现象和急性症状，可导致消瘦，体重下降。

（1）急性型：常因在短时间内遭受严重感染所致。病羊初期发热、衰弱、易疲劳、精神沉郁、食欲减少或消失、体温升高；很快出现贫血、黄疸和肝脏肿大等症状，重者多在数天内死亡。

（2）慢性型：多见于耐过急性型期或轻度感染后的病羊。主要表现为贫血，黏膜苍白，眼睑及体躯下垂部位（如下颌间隙、胸下、腹下等）发生水肿，被毛粗乱、易断；食欲减退或消失；肝肿大和肠炎。经过 1~2 个月后，病情逐渐恶化，衰竭死亡；或拖到春季，饲养管理条件改善后可逐步恢复。

（二）防治方法

（1）定期进行预防性驱虫，寒冷地区通常在秋末冬初和冬末春初分别进行 1 次全群驱虫；在温暖地区，1 年可进行 3 次驱虫。消灭中间宿主椎实螺，可采用以下 3 种方法：一是在湖沼池塘周围饲养鹅、鸭；二是药物杀灭椎实螺；三是处理好粪便及病原污染物，病羊的羊粪应收集起来泥封发酵，病羊肝脏和肠内容物应深埋或烧毁。

（2）常用的驱虫药物有硫双二氯酚（别丁），口服剂量为每千克体重 100 毫克，但服药后有拉稀现象，可自行恢复正常（4

月龄以下羔羊不宜服）；阿苯达唑（抗蠕敏），口服剂量为每千克体重 12～15 毫克，对成虫具有良好的驱除效果。

九、疥螨病

（一）主要症状

疥螨病是由疥螨科疥螨属的疥螨寄生于羊皮肤内引起的皮肤病。该病始发于山羊嘴唇、口角、鼻梁及耳根，严重时会蔓延至整个头部、颈部及全身。绵羊主要病变在头部，患部皮肤呈灰白色胶皮样，称"石灰头"。病羊剧痒，不断在围墙、栏柱处磨擦患部，由于磨擦和啃咬，患部皮肤出现丘疹、结节、水疱甚至脓疱，以后形成痂皮和龟裂，严重感染时，羊生产性能降低，甚至大批死亡。大群感染发病时，可见病羊身上悬垂着零散的毛束或毛团，接着毛束逐渐大批脱落，出现裸露的皮肤。

（二）防治方法

（1）每年定期对羊药浴。应对新调入的羊隔离检查后再混群。经常保持圈舍卫生、干燥和良好通风，并定期对圈舍和用具清扫和消毒。及时治疗和隔离可疑羊。

（2）治疗。一是局部疗法，可用辣椒 500 克、烟叶 1 500 克、水 1 500～2 500 毫升，混合后煮沸，熬至 500～1 000 毫升，滤去粗渣，使用时加温到 60～70 ℃，每天 1 次，连用 7 天。二是药浴疗法，此法适用于养羊较多、气候温暖、普遍发病或预防用药等情况。三是可用阿维菌素针剂、伊维菌素针剂或伊维菌素片剂进行治疗，注射或服用 7 天后再用药 1 次。在治疗的同时，要对病羊接触的地方进行消毒。

十、酸中毒

（一）主要症状

通常在进食大量精饲料后 6～12 小时出现症状。起初，病羊抑郁、低头、垂耳，腹部不适，然后侧卧，不能起立，昏迷而死。叩击病羊瘤胃部位，有震水声，眼结膜充血。病程约持续12~18 小时。

（二）防治方法

（1）羔羊进入育肥期后，改换日粮不宜过快、过多，让瘤胃微生物在适应期内能自行调整。育肥圈应有较大面积，防止羔羊抢食，日粮中可加入适量的碳酸氢钠，以缩短瘤胃适应期。

（2）在发现早期症状时，立即灌服酸制剂（碳酸氢钠、碳酸镁等）。方法是取 450 克酸制剂和等量活性炭混合，加温水 4升，胃管灌服，每千克体重 10 毫升，可同时灌服青霉素。

第四章　兔养殖与疾病防治技术

第一节　兔的饲养管理

兔的生理阶段不同，生理特点不一，因此在饲养管理中应有所区别。一般将兔分为种公兔、种母兔、仔兔、幼兔和青年兔5个阶段。

一、种公兔的饲养管理

饲养种公兔的目的主要是用于配种，并获得数多质优的后代。种公兔质量的好坏影响到整个兔群的质量。因此，加强种公兔的饲养管理非常重要。

（一）种公兔的饲养

种公兔的配种授精能力，取决于精液品质，这与营养的供给有密切关系，特别是蛋白质、矿物质和维生素等营养物质。因此，种公兔的饲料必须营养全面、体积小、适口性好、易于消化吸收。

（二）种公兔的管理

对种公兔的管理应注意以下几点。

1. 对种公兔应自幼进行选育和培养，并加大淘汰强度

种公兔应选自优秀亲本后代，选留率一般不超过50%。非留作种用的公兔要去势后育肥，到了屠宰日龄及时出售；留作种用

的公兔和母兔要分笼饲养，这一点在管理上应特别注意。

2. 适时配种

3 月龄的兔应公母分养，严防早交乱配。青年公兔应适时初配，过早过晚初配都会影响性欲，降低配种能力。一般大型兔的初配年龄为 8 ~ 10 月龄，中型兔为 5 ~ 7 月龄，小型兔为 4 ~ 5 月龄。

3. 加强运动

种公兔应每天放出运动 1 ~ 2 小时，以增强体质。经常晒太阳对预防球虫病和软骨症都有良好作用。但在夏季运动时，不要把兔尤其是长毛兔放在直射的阳光下，因为直射阳光会引起兔体过热，体温升高，容易造成昏厥、脑充血、热射病等，严重者会引起死亡。

4. 笼舍清洁干燥

种公兔的笼舍应保持清洁干燥，并经常洗刷消毒。公兔笼是配种的场所，在配种时常常由于不清洁而引起一些生殖器官疾病。

5. 搞好初配调教

选择发情正常、性情温顺的母兔与初配公兔配种，使初配顺利完成。

6. 单笼饲养

种公兔应一兔一笼，以防互相斗殴；公兔笼和母兔笼要保持较远的距离，避免由于异性刺激而影响公兔性欲。

7. 保持合理的室温

种公兔舍内最好能保持 10 ~ 20 ℃，过热过冷都对种公兔性功能有不良影响。

8. 合理利用种公兔

对种公兔的使用要有一定的计划性，兔场应有科学的繁殖配种计划，严禁过度使用种公兔。一般每天使用 2 次，连续使用 2~3 天后休息 1 天。对初次参加配种的公兔，应每隔 1 天使用 1 次。如种公兔出现消瘦现象，应停止配种，待其体力和精液品质恢复后再参加配种。但长期不使用种公兔配种，也容易造成过肥，引起性欲降低，精液品质变差。

9. 毛用种公兔的采毛间隔时间应缩短

一般可以每隔一定时间采毛 1 次，以提高精液品质。

10. 做好配种记录

观察每只种公兔的配种性能和后代品种，利于选种和选配。

11. 符合下列情况之一时不宜配种

（1）吃料前后半小时之内，防止影响采食和消化。

（2）换毛期内，特别是秋季的换毛，兔营养消耗较多、体质较差，此时配种会影响兔体健康和受胎率。

（3）种公兔健康状况欠佳时，如食欲减退、粪便异常、精神萎靡等。

二、种母兔的饲养管理

种母兔是兔群的基础，饲养的目的是提供数量多、品质好的仔兔。母兔的饲养管理是一项细致而复杂的工作。成年母兔在空怀、妊娠和哺乳 3 个阶段的生理状态有很大的差异。因此，在母兔的饲养管理上，要根据各阶段的特点，采取相应的措施。

（一）空怀母兔的饲养管理

空怀母兔在饲养管理和配种方法上应做好如下工作。

1. 保持适当的膘情

空怀母兔要求七八成膘。如母兔体况过肥，应停止精饲料的补饲，只喂给青绿饲料或干草，否则会在卵巢结缔组织中沉积大量脂肪而阻碍卵细胞的正常发育并造成母兔不育；对过瘦母兔，应适当补加精饲料的喂量，否则会造成发情和排卵不正常，因为控制卵细胞生长发育的脑垂体在营养不良的情况下内分泌不正常，所以卵泡不能正常生长发育，影响母兔的正常发情和排卵，造成不孕。为了提高空怀母兔的营养供给，在配种前半个月左右就应按妊娠母兔的营养标准进行饲喂。长毛兔在配种前应提前剪毛。

2. 注意青绿饲料或维生素的补充

配种前母兔除补加精饲料外，应以青饲料为主，冬季和早春淡青季节，每天应供给 100 克左右的胡萝卜或大麦芽等，以保证繁殖所需维生素（主要是维生素 A、维生素 E）的供给，促使母兔正常发情。规模化兔场在日粮中可添加复合维生素添加剂。

3. 改善管理条件

注意兔舍的通风透光，冬季适当增加光照时间，使每天的光照时间达 14 小时左右，光照强度为 2 瓦/米² 左右，电灯高度 2 米左右，以利发情受胎。

（二）妊娠母兔的饲养管理

母兔自配种怀胎到分娩的这一段时期称妊娠期。母兔妊娠后，除维持本身的生命活动外，子宫的增长、胎儿的生长和乳腺的发育等均需消耗大量的营养物质。在饲养管理上要供给全价营养，保证胎儿的正常生长发育。母兔配种后 8~10 天进行妊娠检查，确定妊娠后要加强护理，防止流产。

1. 加强营养

妊娠母兔的妊娠前期（即胚期和胎前期，妊娠后 1~18 天），因母体和胎儿生长速度很慢，故饲养水平稍高于空怀母兔即可；而妊娠后期（即胎儿期，妊娠后 19~30 天），因胎儿生长迅速，需要营养物质较多，故饲养水平应比空怀母兔高 1.0~1.5 倍。据试验测定，一只活重 3 千克的母兔，在妊娠期间胎儿和胎盘的总重量达660克，占活重的22%，其干物质为78.5%、蛋白质为10.5%、脂肪为4.3%、矿物质为2%。新西兰兔16天胎儿体重为0.5~1克，20天时不足5克，初生重则达64克，为20天重量的10多倍。不同时期胎儿的蛋白质也有很大变化，如在妊娠21天为8.5%，妊娠27天为10.2%，出生时为12.6%。因此，为妊娠期母兔提供丰富的营养是非常重要的。

2. 加强护理

为了防止母兔流产，在护理上应做到如下6点。

（1）不无故捕捉妊娠母兔，特别在妊娠后期更应加倍小心。当捕捉时，一定不要粗暴，不使兔体受到冲击，轻捉轻放。

（2）保持舍内安静和清洁干燥。母兔在妊娠期，要保持舍内安静，防止由于突然的惊扰而引起母兔恐慌不安，在笼内跑跳，易造成流产。保持舍内清洁干燥，防止潮湿污秽。因为潮湿污秽会引发各种疾病，对妊娠母兔极为不利。

（3）严禁饲喂发霉、变质饲料和有毒青草等。母兔对这些饲料非常敏感，最易造成流产。

（4）冬季最好饮温水，因为水太凉会刺激子宫急剧收缩，易引起流产。

（5）摸胎时动作要轻柔，不能粗暴。已确定受胎后，就不要再触动其腹部。

（6）毛用兔在妊娠期特别是妊娠后期，应禁止采毛，以防由此引起流产和影响胎儿发育。

3. 做好产前准备工作

为了便于管理，最好是做到母兔集中配种，然后将母兔集中到相近的笼位产仔。产前3~4天准备好产仔箱，清洗消毒后铺一层晒干柔软的干草，然后将产仔箱放入母兔笼内，让母兔熟悉环境并拉毛做巢（必要时可帮助母兔拉毛）。产仔箱事先要清洗消毒，消除异味。产期要设专人值班，冬季要注意保温，夏季要注意防暑。供水要充足，水中加些食盐和红糖。

（三）哺乳母兔的饲养管理

从母兔分娩至仔兔断奶这段时期为哺乳期。哺乳母兔的饲养水平要高于空怀母兔和妊娠母兔，特别是要保证足够的蛋白质、矿物质和维生素。因为此时不仅要满足母兔自身的营养需要，还要分泌足够的乳汁。

1. 饲养方面

哺乳母兔为了维持生命活动和分泌乳汁哺育仔兔，每天都要消耗大量的营养物质，这些营养物质必须通过饲料来获取。因此要给哺乳母兔饲喂营养全面、新鲜优质、适口性好、易于消化吸收的饲料，在充分喂给优质精饲料的同时，还需喂给优质青饲料。哺乳母兔的饲料喂量要随着仔兔的生长发育不断增加，并充分供给饮水，以满足泌乳的需要。直至仔兔断奶前1周左右，开始逐渐给母兔减料。

2. 管理方面

重点是经常检查母兔的泌乳情况和预防乳房炎。

应做好产后护理工作，包括产后母兔应立即饮水，最好是饮用红糖水等；冬季要饮用温水；刚产下仔兔要清点数量，挑出死亡兔和湿污毛兔，并做好记录等。产房应专人负责，并注意冬季保温防寒，夏季防暑防蚊。

预防乳房炎的方法有：①及时检查乳房，看是否排空乳汁、有无硬块（按摩可使硬块变软）；②发现乳头有破裂时需及时涂擦碘酊或内服消炎药；③经常检查笼底底板及巢箱的安全状态，以防损伤乳房或乳头。

对已患乳房炎的母兔应立即停止哺乳，仔兔采取寄养方法；血配的优良母兔，其仔兔亦可采用该办法。在良好的饲养管理下，对泌乳力低、连续 3 次吞食仔兔的母兔，应淘汰。

另外，母兔产后要及时清理巢箱，清除被污染的垫草和毛以及残剩的胎盘和死胎。以后每天要清理笼舍，每周清理兔笼并更换垫草。每次饲喂前要刷洗饲喂用具，保持其清洁卫生。当母兔哺乳时，应保持安静，不要惊扰和吵嚷，以防产生吊乳和影响哺乳。

三、仔兔的饲养管理

从出生至断奶这段时期的小兔称仔兔。这个时期是兔从胎生期转为独立生活的过渡时期。仔兔的生理功能尚未发育完全，适应外界环境的调节功能还很差，适应能力弱、抵抗力低，但生长发育极为迅速，故新生仔兔很容易死亡。加强仔兔的培育，提高成活率，是仔兔饲养管理的目标。按照仔兔的生长发育特点，可将仔兔分为 2 个不同的时期，即睡眠期和开眼期。在这 2 个不同的时期内，仔兔的饲养管理也不同。

（一）睡眠期仔兔的饲养管理

仔兔从出生至开眼的时期称为睡眠期，即从出生至 12 日龄左右这段时期。睡眠期仔兔体无毛、眼睛紧闭、耳孔闭塞、体温调节能力差，如果护理不当极易死亡，而且很少活动，除吃奶外几乎整天都在睡觉。这个时期饲养管理的重点如下。

1. 早吃奶，吃足奶

在幼畜能产生主动免疫之前，其免疫抗体是缺乏的。因此，保护年幼动物免受多种疾病的侵袭只能靠来自母体的免疫抗体。免疫抗体可于出生前通过胎盘获取，也可于出生后从初乳中获取，还可 2 种过程相结合传递给幼畜。因此，应保证仔兔早吃奶、吃足奶，尤其要及时吃到初乳，这样才能有利于仔兔的生长发育，确保其体质健壮、生命力强。

仔兔生下后就会吃奶，母性好的母兔，会很快哺喂仔兔。而且仔兔的代谢作用很旺盛，吃下的乳汁大部分被消化吸收，很少有粪便排出来。因此，睡眠期的仔兔只要能吃饱、睡好，就能正常生长发育。但在生产实践中，初生仔兔吃不到奶的现象常会发生。这时，必须查明原因，针对具体情况，采取有效措施。

1）强制哺乳（人工辅助哺乳）

有些母性不强的母兔，特别是初产母兔，产仔后不会照顾自己的仔兔，甚至不给仔兔哺乳，以致仔兔缺奶挨饿，如不及时采取措施，就会导致仔兔死亡。这种情况下，必须进行强制哺乳，具体方法：将母兔固定在产仔箱内，使其保持安静，将仔兔分别放置在母兔的每个乳头旁，让其嘴顶母兔乳头，自由吮乳，每日强制哺乳 4~5 次，连续 3~5 天，多数母兔便会自动哺乳。

2）调整寄养仔兔

在生产实践中，有的母兔产仔数多，有的产仔数少。产仔数过多时，母乳供不应求，仔兔营养供给不足、发育迟缓、体质虚弱、易患病死亡；产仔数少时，仔兔吮乳过量，往往引起消化不良，同时母兔也易患乳房炎。在这种情况下，可采用调整、寄养部分仔兔的方法。具体做法：根据母兔的产仔数和泌乳情况，将母兔产仔过多的仔兔调整给产仔数少的母兔代养，但两窝仔兔的产期要接近，最好不要超过 1~2 天。将两窝仔兔的产仔箱从母兔笼中取出，根据要调整的仔兔数、仔兔个体大小与强弱等，将其取出移放到带仔母兔的产仔箱内，使其与仔兔充分接触，经 0.5~1.0 小时后，再将产仔箱送回至母兔笼内。此时要注意观察，如母兔无咬仔或弃仔情况发生则为成功。此外，还可在被调整的仔兔身上涂些代养母兔的乳汁，令其气味一致，则更能获得满意的效果。调整的数量不宜太多，要依据代养母兔的乳头数和泌乳量确定。

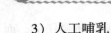

3）人工哺乳

需调整或寄养的仔兔找不到母兔代养时，可采用人工哺乳的方法。人工哺乳的工具可用玻璃滴管、注射器、塑料眼药水瓶等，在管端接一段乳胶管或自行车气门芯即可。使用前先煮沸消毒。可喂鲜牛奶、羊奶或炼乳（按说明稀释）。奶的浓度不宜过高，以防消化不良。一般最初可加入 1.0~1.5 倍的水，1 周后加入 1/3 的水，半个月后可喂全奶。喂前要煮沸消毒，待奶温降到 37~38 ℃时喂给。每天喂给 1~2 次。喂时要耐心，滴喂的速度要与仔兔的吸吮动作合拍，不能滴得太快，一般是呈滴流而不是线流，以免误入气管而呛死。喂量以吃饱为限。

4）防止吊乳

母兔在哺乳时突然跳出产仔箱并将仔兔带出的现象称为吊乳。吊乳在生产中经常发生。其主要原因是母乳不足；母乳多、仔兔也多时，仔兔吃不饱，吸着奶头不放；在哺乳时母兔受到惊吓而突然跳出产仔箱。被吊出的仔兔如不及时送回产仔箱内，则很易被冻死、踩死或饿死，所以，在管理上应特别小心。发现仔兔被吊出时，要尽快将其送回产仔箱内，同时查明原因，采取措施。如因母乳不足而引起吊乳，应调整母兔的饲料，提高饲料的营养水平，适当增加饲料喂量，同时多喂些青绿多汁饲料，以促进母乳的分泌，满足仔兔的营养需要；对于母乳多、仔兔也多的情况可以调整或寄养仔兔；如因管理不当所致，则应设法为母兔创造适宜的生活环境，确保母兔不受惊扰。

如被吊出的仔兔已受冻发凉，则应尽快为其取暖。可将仔兔握在手中或放入怀里取暖；也可把受冻仔兔放入 40~45 ℃温水中，露出口鼻并慢慢摆动；还可把受冻仔兔放入巢箱，箱顶离兔体 10 厘米左右吊灯泡（25 瓦）或红外线灯，照射取暖。实践证明，只要抢救及时、措施得当，大约 10 分钟后仔兔即可复活，此时可见仔兔皮肤红润，活动有力、自如。如被吊出的仔兔已出现窒息而还有一定温度时，可尽快进行人工呼吸。人工呼吸的方法：将仔兔放在手掌上，头向指尖，腹部朝上，约3秒屈伸1次手指，重复7、8次后，仔兔就有可能恢复呼吸，此时将其头部略放低，仔兔就能有节律地自行深呼吸。被救活的仔兔，要尽快放回产仔箱内，以便恢复体温。约半小时后，被救仔兔的肤色转为红润，呼吸亦趋向正常。此时，应尽快使之吃到母乳，以便恢复正常。

2. 认真搞好管理

搞好仔兔的管理工作一般应注意以下6点。

（1）夏季防暑，冬季防寒。

（2）预防鼠害。

（3）防止发生仔兔黄尿病。

（4）防止感染球虫病。

（5）防止仔兔窒息或残疾。

（6）保持产仔箱内干燥、卫生。

（二）开眼期仔兔的饲养管理

开眼期仔兔要历经开眼、补料、断奶等阶段，是养好仔兔的关键时期。此时期饲养管理的技术要点如下。

1. 及时开眼

仔兔一般在11~12日龄眼睛会自动睁开。如仔兔14日龄仍未开眼，应先用棉花蘸清洁水涂抹软化，抹去眼边分泌物，帮助开眼。切忌用手强行拨开，以免导致仔兔失明。

2. 搞好补料工作

仔兔开眼后，生长发育很快，而母乳分泌先是增加，在20天左右开始逐渐减少，已满足不了仔兔的营养需要，故需要及时补料。

3. 抓好断奶工作

根据目前的养兔生产实际情况来看，仔兔断奶时间和体重有一定差别，范围在 30~50 天、体重 600~750 克，因生产方向和品种不同而异。如肉兔 30 日龄左右，獭兔 35~40 日龄，长毛兔 40~50 日龄。

4. 加强管理，预防疾病

仔兔刚开始采食时，味觉很差，常常会误食母兔的粪便，同时饲料中往往也存在各种致病微生物和寄生虫，因此，仔兔很容易感染球虫病和消化道疾病。所以，最好实行母仔分养的方法，并在仔兔饲料中定期添加氯苯胍。

四、幼兔的饲养管理

幼兔阶段是养兔生产难度最大、问题最多的时期。一般的兔场、养兔户，此阶段兔的死亡率为 10%~20%，而一些饲养管理条件较差的兔场、养兔户，兔的死亡率可达 50%以上。因此，应特别注意加强幼兔饲养管理和疾病防治工作，提高幼兔成活率。

（一）加强饲养

喂给幼兔的饲料必须体积小，营养价值高，易消化，富含蛋白质、维生素和矿物质，而且粗纤维必须达到要求，否则幼兔会发生软便和腹泻并导致死亡。饲料一定要清洁、新鲜，一次喂量不宜过大，应掌握少量多次的原则，饲喂量随年龄的增长逐渐增加，防止喂料量突然增加或饲料突然改变。

（二）搞好管理

幼兔应按体质强弱、日龄大小进行分群，笼养时每笼以 4~5 只为宜，太多会因拥挤而影响发育，群养时可 8~10 只组成小群。

（三）做好记录

断奶时要进行第 1 次鉴定、打耳号、称重、分群等工作，并登记在幼兔生长发育卡上。

（四）加强运动

要加强幼兔的运动。笼养的长毛幼兔每天可放出运动 2～3 小时；肉用、皮用幼兔可集群放养，以增强体质。放养的幼兔体形大小应接近，体弱兔可单独饲养。放养时，除刮风下雨天外，春、秋季可早晨放出，傍晚归笼；冬季在中午暖和时放出；夏季在早、晚凉爽时放出，如有凉棚或其他遮阴条件，也可整天放养，傍晚收回笼中。幼兔放养时，要有专人管理，防止互斗、兽害和逃跑。如有病兔应立即隔离并治疗。如遇天气突变，要尽快收回兔笼。

（五）长毛兔按时剪毛

断奶幼兔在 2 月龄左右时应进行第 1 次剪毛（俗称"头刀毛"），即把乳毛全部剪掉。应注意的事项：①体质健壮的幼兔剪毛后，采食量增加，生长发育加快；②体质瘦弱的幼兔或刚断奶幼兔不宜剪毛，可以延迟一段时间再剪毛；③幼兔第 1 次采毛要剪毛，不要拔毛；④幼兔剪毛后应加强护理，特别是冬季和早春剪毛后注意防寒保暖。

（六）预防投药和及时注射疫苗

为了防止感染球虫病，应在断奶转群时，在饲料中投放一些防治球虫病的药物。慎用马杜拉霉素、盐霉素，以防中毒。断奶后检查 1 次粪便，查到球虫卵囊后，立即采取治疗措施。无化验条件时应加强观察，如发现幼兔粪便不呈粒状、眼球呈淡红色或淡紫色、腹部膨大时，即可疑为球虫病，再进行治疗。

（七）按时定期称重

按时定期称重可以及时掌握兔群的生长情况。如生长发育一直很好，可留作后备兔；如体重增加缓慢，则应单独饲养。发育良好的兔在 3 月龄可转入种兔群，发育差的兔可转入生产群。

（八）搞好环境卫生

保持兔舍内干燥、通风，定期进行消毒。要经常观察兔群健康情况，发现病兔，应及时采取措施，进行隔离观察和治疗。

五、青年兔的饲养管理

青年兔时期采食量增多，生长发育快，对蛋白质、矿物质、维生素需要量多。生产中往往出现对后备兔饲养管理非常粗放的情况，结果是生长缓慢，到了配种年龄发育差，达不到标准体重，勉强配种，所生仔兔发育也差，母兔瘦弱。为此，在生产中不能忽视对青年兔的饲养管理。

（一）饲养方面

营养上要保证有充足的蛋白质、矿物质和维生素。因为青年兔吃得多、生长快，且以肌肉和骨骼增长为主。饲料应以青绿饲料为主，适当补喂精饲料。一般在 4 月龄之内喂料不限量，使之吃饱吃好，5 月龄以后，适当控制精饲料，防止过肥。

（二）管理方面

重点是及时做好公、母兔分群，以防早配和乱配。

1. 单笼饲养

从 3 月龄开始要公、母兔分开饲养，尽量做到一兔一笼。据观察，3 月龄以后的公、母兔生殖器官开始发育，逐渐有了配种需求，但尚未达到体成熟年龄。若早配则影响其生长发育。

2. 选种鉴定

对 4 月龄以上的公、母兔进行 1 次综合鉴定，重点是外形特征、生长发育、产毛性能、健康状况等指标。把鉴定选种后的兔分别归入不同的群体中，如种兔群应是生长发育优良、健康无病、符合种用要求的兔。生产群一般为淘汰下来、不留作种用的兔，用于产毛或育肥。

3. 适时配种利用

从 6 月龄开始训练公兔进行配种，一般每周交配 1 次，以提高早熟性和增强性欲。

第二节　兔常见疾病防治技术

一、兔伪狂犬病

（一）主要症状

一种兔高度接触性、致死性传染病，临床表现为奇痒、自咬、呼吸困难、脑脊髓炎等症状。

（二）防治方法

该病一旦发生无有效药物治疗，兔场应远离猪、牛、羊等家养动物养殖场，同时要对兔的笼具和餐盒进行定期消毒。

二、兔病毒性出血症（兔瘟）

（一）主要症状

一种兔高度接触性、致死性传染病，临床有 3 种表现。

最急性型：无明显症状或仅表现短暂兴奋，而后突然倒地、尖叫后死亡，个别鼻腔出血。

急性型：食欲突然减退或拒食，体温升高（41 ℃以上），高热稽留后迅速下降，死前偶有瘫痪、尖叫，死后呈角弓反张姿势。

慢性型：多见于流行后期或断奶 10 天后的幼兔，体温升高、不爱吃食、爱喝凉水、消瘦，最终因肝衰竭而死亡。

（二）防治方法

该病一旦发生无有效药物治疗，发生疫情时健康兔按照 2~3

倍量紧急免疫兔瘟疫苗；预防措施就是严格按照免疫程序注射兔瘟疫苗。

三、球虫病

（一）主要症状

幼兔最易感染，临床表现为食欲不好、生长缓慢，严重病例排稀便和血便、有臭味，会引起肝脏表面长有黄白色结节。

（二）防治方法

加强兔饲料的干净卫生，禁止兔在地面自由采食，同时要定期给兔投喂磺胺邻二甲氧嘧啶、地克珠利等驱虫药物，轮换用药，防止耐药性发生。

四、大肠杆菌病

（一）主要症状

多发于仔兔，春、冬季多发，应激往往成主要诱因（换料、炎热、寒冷等）。临床表现为尾及肛门周围有粪便污染，不时从肛门中流出粪便。

（二）防治方法

加强饲料及环境卫生的管理，病程稍长者可用恩诺沙星，每千克体重5毫克，每日2次；或用头孢喹肟，每千克体重2毫克，每日1次。病程稍短者口服硫酸新霉素、硫酸粘杆菌素或者氟苯尼考配合鞣酸蛋白、活性炭等拌湿口服，每日2次。

五、魏氏梭菌病

（一）主要症状

兔临床主要表现为胀肚和腹泻，粪便主要以黑褐色为主，而且具有腥臭味。

（二）防治方法

做好兔饲料和饮水的卫生，对料盒、水桶及水线定期消毒。发病之后可用甲硝唑+新诺明进行治疗。

六、真菌病

（一）主要症状

真菌病是由真菌引起的一种慢性、高度接触性、传染性极强的皮肤传染病，会传染给人。临床主要表现为头部、耳部等体表局部脱毛、溃烂、结痂。

（二）防治方法

保持兔舍环境干燥通风，定期投喂灰黄霉素、制霉菌素等抗真菌类药物。

七、螨虫病

（一）主要症状

兔高度接触性寄生虫病，主要表现为体表局部（面部、四肢、背部）脱毛，形状不规则，瘙痒。

（二）防治方法

加强兔舍环境的清扫和消毒，发病后可皮下注射多拉菌素或伊维菌素。

八、巴氏杆菌病

（一）主要症状

兔高度接触性传染病。鼻炎型表现为打喷嚏、呼吸急促、流浆液性或黏液性分泌物，鼻孔堵塞或结痂；中耳炎型表现为歪脖子、耳内流脓、身子歪向一侧。

（二）防治方法

保持兔场环境通风、恒温，避免剧烈温差造成的冷应激。可使用青霉素、链霉素、磺胺嘧啶注射治疗。

九、波氏杆菌病

(一) 主要症状

幼兔易发的一种慢性呼吸道疾病，临床表现为呼吸困难，有大量浆液性、黏液性鼻液流出。

(二) 防治方法

保持兔舍环境通风、恒温，避免剧烈温差造成的冷应激。可使用红霉素、四环素及磺胺类药物治疗。

十、子宫炎

(一) 主要症状

母兔因配种不当损伤子宫、阴道或某些病菌感染而引发子宫炎，临床表现为发病的母兔从子宫里排出乳白色的脓液。

(二) 防治方法

一旦发生，建议淘汰母兔。治疗采取冲洗子宫、消炎等方法治疗。常用冲洗液有1%氢氧化钠溶液、1%~2%碳酸氢钠溶液、0.1%~0.2%雷佛奴尔溶液或0.1%高锰酸钾溶液，向子宫腔内灌注10~20毫升，然后用虹吸法排出灌注液，每天1次，连做3~4次，直至排出液透明为止。冲洗后子宫内注射头孢氨苄消炎。

第五章 鸡养殖与疾病防治技术

第一节 鸡的饲养管理

一、雏鸡的饲养管理

(一) 及时饮水、开食

雏鸡接运到育雏舍安置好后，开始饲养的最佳时间是在出壳后 24 小时左右，先饮水，饮水 2~3 小时后再开食。

1. 饮水

头 1 周可饮温开水，卫生干净。初饮时对个别不会饮水的雏鸡要人工帮助，可将鸡嘴浸入水中几下。保持饮水清洁卫生，饮水器每天清洗消毒 3~4 次，及时更换新鲜饮水。饮水器数量要充足，分布均匀，高度、大小随雏鸡日龄增大而调整。为满足雏鸡饮水充足，初饮开始至 1~2 周可用真空饮水器，之后过渡为乳头饮水器，育雏期水压 10~20 厘米。雏鸡饮水要随时、自由，不要间断。为提高雏鸡的抵抗力、减少死亡率，头几天可在饮水中加入电解多维素或 5% 左右的葡萄糖。另外，要注意观察鸡群每天饮水量的变化，健康鸡饮水量一般为采食量的 2~3 倍，若饮水量突然增多或减少，应及时查找原因。水是最重要的营养物质，不管在任何时候必须给鸡提供良好品质的饮水。

2. 开食与喂饲

雏鸡第 1 次吃料叫开食。开食料要新鲜、颗粒大小适中、营养丰富、易于啄食和消化，最好用全价颗粒饲料的破碎料开食。开食后前几天可将饲料撒在开食料盘内，让鸡自由啄食，对不会吃料的雏鸡要人工训练。2~3天后逐渐改用小鸡料槽或料桶，以减少饲料的浪费和污染。要保证足够的槽位，确保所有雏鸡同时采食，料槽高度、大小随鸡日龄增大而调整。头几天饲料不要加得太多，以免浪费，应多次少量、勤添勤喂，第1~2周每天喂5~6次，第3~4周每天喂4~5次，以后每天喂3~4次。立体笼育时，开始在笼内放置料盘喂料，1周后训练在笼外吃料。

（二）提供适宜的环境条件

1. 合适的温度

育雏温度是否合适，可通过温度计观测，为了让温度计的读数准确反映鸡舍温度，应将温度计置于远离进风口、热源、与鸡背等高的位置，一般每1 000~2 000只鸡放置1支温度计。除了观察温度计外，更重要的是观察鸡群的精神状态和活动表现。

2. 适宜的湿度

育雏初期的1~10天，由于舍内温度高、水分来源少，舍内容易干燥，可适当提高湿度，60%~70%为宜，以防止幼雏体内水分过量蒸发引起脱水，也有利于腹内卵黄的吸收。雏鸡10日龄后，由于体重的增加，采食和饮水增多，呼吸次数和排粪量也随之增多，育雏舍内容易潮湿。为防止球虫病的发生，湿度应保持在50%~60%。常用的增湿办法是定期向室内地面喷水，常用的降湿办法是加强通风换气、更换垫料、防止饮水器漏水等。湿度良好的标志是人进入后有湿热的感觉，不会感到鼻干口燥；雏鸡脚爪润泽、细嫩，无尘土飞扬。

3. 新鲜的空气

鸡只代谢旺盛，加之鸡群密集，需要较多的新鲜空气，所以通风对养鸡生产尤其重要。通风时应尽量避免冷空气直接吹入，可用导风板的方法缓解气流。通风时间最好选在晴天中午前后，门窗的开启应由小到大，切不可突然将门窗大开让冷风直吹，使舍温突降。冬季通风换气最好安排在中午温度较高时进行。生产中一定要解决好通风与保温的关系：育雏前期（1~3周），雏鸡的绒毛保温能力差，不具备体温调节能力，对外界温度的变化敏感，在温度与通风的关系上，要以保温为主；从4周龄开始，加强通风，注意保温，保持舍内良好的通风换气。

4. 光照

光照与雏鸡的采食、饮水、活动、健康和发育有密切关系。1周龄或转群后几天，保持较长的光照时间，以便雏鸡熟悉环境，然后逐渐减少到最低，但最短每天不能少于8小时光照；育雏头3天光照强度为20勒克斯（节能灯约2瓦/米²），以后逐渐减少光照强度至5勒克斯（节能灯约0.5瓦/米²），过渡到育成鸡光照。灯具安装原则是照度均匀，具体要求：灯具距地面2米，灯距是灯高的1.5倍，交错排列；笼养的灯具应布于走道上方，注意下层鸡笼的照度；灯具加灯罩并经常擦拭，及时更换坏灯具。

5. 合理的密度

雏鸡密度过大，易出现闷热拥挤、影响运动、干扰采食饮水，导致舍内空气污浊，雏鸡易发生啄癖、发育不整齐、成活率低；若密度过小，房舍及设备利用率低，饲养成本高。雏鸡适宜的饲养密度见表5-1。采食位置要根据鸡日龄大小及时调节，以保证每只鸡都能同时采食。

表 5-1　不同育雏方式适宜的雏鸡饲养密度　单位：只/米^2

周龄	地面平养	网上平养	立体笼养
1~2	30	40	60
3~4	25	30	40
5~6	20	25	30

（三）适时断喙

为预防啄癖和减少饲料浪费，应适时断喙。断喙要遵循一定的程序，一般有 2 种器械：一种是电热式断喙器，另一种是红外线断喙器。电热式断喙器的孔眼直径有 4.0 毫米、4.4 毫米、4.8 毫米 3 种，1 日龄雏鸡断喙可用 4.0 毫米的孔眼，7~10 日龄雏鸡可采用 4.4 毫米的孔眼，成年鸡可用 4.8 毫米的孔眼。刀片的适宜温度为 600~800 ℃，此时刀片颜色为樱桃红色。具体操作：左手保定鸡只，将鸡腿部、翅膀以及躯体保定住，将右手拇指放在鸡头顶上，食指放在咽下（以使鸡缩舌），稍加压力，使双喙闭合后稍稍向下倾斜一同伸入断喙孔中，借助于断喙器灼热的刀片，将上喙断去喙尖至鼻孔之间的 1/2、下喙断去喙尖至鼻孔之间的 1/3，并烧烙止血 1~2 秒。

（四）适时脱温、转群

当雏鸡满 6 周龄且能完全适应环境温度后即可脱温，降温要缓慢，5~6 周龄时可转入育成鸡舍。提前对育成鸡舍进行消毒，转群时采用过渡性换料，转群前后 3 天在饮水中添加电解多维素，以减少应激反应。转群前 6 小时停料，转群当天连续 24 小时光照，保证采食、饮水，尽量减少两舍间的温差。转群要避开断喙和免疫接种，最好选择清晨或晚上进行。转群时选择并淘汰病鸡、弱鸡和残鸡。

二、育成蛋鸡的饲养管理

（一）育成蛋鸡的饲养管理

育成鸡，也叫后备种鸡，是指 7~20 周龄的鸡。此阶段的鸡，消化机能已健全，采食量与日俱增，骨骼、肌肉处于生长旺盛时期，沉积钙和脂肪的能力逐渐增强，尤其是性腺开始发育。如果此阶段继续保持丰富营养，则会造成过肥或早熟，直接影响今后的产蛋性能和种用价值。因此，育成鸡要限制饲养。

1. 限制饲养

蛋鸡生长较慢，一般应在 9 周龄以后，才实行适当限制饲养。在我国目前生产水平下，白壳蛋鸡一般不限饲，褐壳蛋鸡育成期应适当限饲。从限制饲养开始喂给后备蛋鸡料（需要 5~7 天的逐渐过渡），这是营养水平相对较低的饲料，不能自由采食，而是喂给自由采食量的 90%~95%。

2. 抽称体重

育成鸡应每周抽称体重 1 次，与标准体重对比，以便及时调整喂料量、正确控制体重，使育成鸡的体重达到标准要求。各品种鸡的体重要求不同，可参考该品种的喂料量与体重标准表。

3. 适当分群

将鸡按公母、强弱、大小分开饲养。分别给予不同喂料量，如大的、强壮的喂料少一点，小的、弱的喂料多一点，中等的鸡按标准喂料，使全群生长发育均匀。及时淘汰不适于留种的鸡只。

4. 及时转入蛋鸡舍

在开产前 2~4 周转入蛋鸡舍，让鸡有足够的时间熟悉和适应新的环境，减少环境变化导致的应激给开产带来不利的影响。蛋鸡约 18 周龄时转群。

5. 合理光照

光照管理对于蛋鸡很重要。光照能影响鸡的性成熟时间和开产后的产蛋量。光照管理有以下 2 个基本原则。

（1）育成期每天光照时间应保持恒定或稍减少，不能增加。

（2）产蛋期每天光照时间应保持恒定或逐渐增加，不能减少，但最长不超过每天 17 小时。

养殖户可以采用的最简单的光照方案：育雏期，每天 24 小时光照；育成期，可采用自然光照；至 19 周龄时每天人工补充 1 小时光照，以后每周增加 30 分钟，直到每天 16 小时光照，然后保持恒定不变。

（二）开产前饲养

1. 转入蛋鸡舍或上笼

在 18 周龄左右转入蛋鸡舍或上笼。

2. 饲料过渡

在 18~19 周龄将后备鸡料逐渐转为蛋鸡料。饲料过渡方法：前 3 天，75%后备鸡料+25%蛋鸡料；中 3 天，50%后备鸡料+50%蛋鸡料；后 3 天，25%后备鸡料+75%蛋鸡料；第 10 天开始，100%蛋鸡料。

3. 解除限制饲养

转为蛋鸡料后，逐渐解除限制饲养，开始自由采食。

4. 放入产蛋箱

平养蛋鸡，在 20 周龄前放入产蛋箱，以减少窝外蛋。每 4~5 只配 1 个产蛋箱。

5. 增加光照

19 周龄时每天人工补充 1 小时光照，以后每周增加 30 分钟，直到每天 16 小时光照，然后保持恒定不变。

（三）开产后饲养

在合理的饲养管理下，蛋鸡约在 22 周龄开产（产蛋率达 50%），30 周龄左右到达产蛋高峰期，高峰期可持续 2~3 个月。

1. 分段饲养

采用分段饲养。一般多采用两段法。

（1）开产至 50 周龄，为第 1 段，此时鸡体尚在发育，又是产蛋上升期，喂粗蛋白含量为 17%～18% 的日粮。

（2）50 周龄以后，为第 2 段，此时鸡体发育已完成，且产蛋量渐降，喂粗蛋白含量为 14%～15% 的日粮。

以产蛋高峰期结束为界，前期自由采食，后期适当限饲。

2. 日常管理

（1）注意观察鸡群动态。

（2）掌握合适的密度。

（3）维持环境的相对稳定、安静。蛋鸡容易受惊而致减产，所以一定要避免应激。生产中要求做到"定人定群"，工作程序也要相对稳定。

（4）减少破蛋、脏蛋。勤捡蛋，每天要捡 4 次，上午捡 2 次，下午捡 2 次。

（5）做好记录工作。记录每天产蛋量、耗料量、用药情况、疾病情况、死亡淘汰情况等。

3. 季节管理

夏季要注意防暑降温。蛋鸡易中暑死亡，越高产的蛋鸡越易中暑死亡。

防暑降温可采用以下方法：①鸡舍装风扇；②鸡舍内走道洒水；③鸡舍屋顶淋水；④鸡舍采用钟楼式屋顶；⑤鸡舍内采用纵向通风；⑥鸡舍内采用"湿帘+喷雾+纵向通风"的做法。

冬季要防寒保暖。寒冷对鸡的影响不如炎热，但寒冷也可使产蛋量下降。鸡产蛋最适温度为 13～20 ℃，湿度为 40%～72%。

三、优质型肉鸡的饲养管理

优质型肉鸡的饲养期一般分为 3 段：育雏期（0～3 周龄）、

生长期（4 周龄至出栏前 2 周）、育肥期（出栏前 2 周至出栏），不同阶段对饲养管理的要求也不同。优质型肉鸡的育雏期的饲养管理可参考雏鸡的饲养管理，下面重点介绍优质型肉鸡的生长期、育肥期的饲养管理。

（一）生长期、育肥期的饲养管理

生长期优质型肉鸡生长发育快，采食量不断增加，应及时更换生长期饲料。饲料要保存在避光、干燥、通风处，防止因发霉、潮湿或日光照射造成饲料废弃。育肥期要促进肌肉生长及脂肪沉积、增加鸡的体重、改善肉鸡品质及鸡的外貌，适时上市。

1. 饲料与饮水

优质型肉鸡在不同生长阶段要及时地更换相应的饲料，每天喂料至少 3 次，每次投料不超过料槽高度的 1/3，料槽要及时更换，每周调整料槽的高度，一般使料槽上沿高度与鸡背等高或高出 2 厘米，料槽数量要足够并且分布均匀。

饮水要新鲜清洁，每采食 1 千克饲料要饮水 2~3 千克。自动饮水时要确保饮水器内充满水，饮水器数量足够且分布均匀，饮水器的高度要及时调整，边缘与鸡背保持相同的高度。

2. 鸡群的观察

饲养人员要注意观察鸡群的状况，做到有问题早发现，并及时处理。经常观察鸡群是优质型肉鸡管理的一项重要工作：一是检查鸡舍环境是否适宜，二是检查设备是否运转正常，三是观察鸡群是否健康。饲养员要注意对鸡只的行为姿态、羽毛、粪便、呼吸、饲料用量、健康状况等进行详细观察，通过观察可及时发现一些问题。鸡舍小气候不适宜时要立即调整好，如发现鸡群有病态表现时，饲养人员不许随意投药，应立即报告兽医人员，由兽医人员负责采取相应的技术措施。

3. 分群

随着鸡只体重的增长，要及时进行公母、大小、强弱分群。

这有利于提高整齐度和饲养效益。及时扩群，保持合理的饲养密度。

（二）放牧饲养

有些优质型肉鸡耐粗饲，抗病性、适应性强，适于放牧饲养，有放牧或半放牧等饲养方式。30 日龄左右的雏鸡，体重在0.4千克左右时可开始放牧饲养。在转移至放牧地前，要做一些适应工作，如逐渐停止人工供温，使鸡群适应外界气温。另外，要在舍内进行"闻哨回窝"的训练，每次喂料前吹哨，使鸡养成听到哨音返回补饲地点吃食的条件反射。饲料中可添加少量青绿饲料，以适应放牧时鸡群采食青绿饲料。

晴朗暖和的天气适合放牧，放牧时间由短到长，让鸡逐渐适应放牧饲养。开始放牧时仍保持舍饲时的喂料量，让其自由采食，以后逐渐由全价饲料为主向以昆虫和杂草为主过渡。在饲料投放方面，采取早上少喂、中午不喂、晚间多喂的饲喂制度，以强化觅食能力、降低生产成本、改善肉鸡品质。放养场地执行轮牧，有利于其生态的恢复，利用日光等自然因素杀死病原，减少疾病的发生。

第二节　鸡常见疾病防治技术

一、鸡新城疫

（一）主要症状

鸡新城疫是由病毒引起的一种急性传染病，一年四季均可发作，传染性极强、发病率高、病发极快、死亡率极高。病发时具体表现为鸡呼吸困难、腹泻；急性病状表现为鸡发病后在几分钟到几小时内死亡；如果是亚急性，鸡开始会精神萎靡不振、食欲减弱、羽毛松乱、昏昏欲睡、行动不便、口中发出"咕噜"的声音，最后死亡。

（二）防治方法

由于此病的发作极为快速，所以一般以预防为主，仔鸡时要及时接种疫苗，平时要加强饲养管理，注意卫生消毒情况。发病后及时进行药物治疗，可用鸡新城疫 I 系疫苗大剂量喷雾，能有效地进行防治。

二、禽霍乱

（一）主要症状

禽霍乱是普遍发生在家禽间的一种传染病，此病主要发生在长期阴雨季节，通过消化道和呼吸道传播，发病具体表现为败血症、腹泻。禽霍乱和鸡新城疫一样，分为急性和慢性：急性发病快，死亡率极高；而慢性则表现为关节发炎水肿、精神沉郁、羽毛松乱、呼吸困难、拉白绿色稀粪。

（二）防治方法

此病的危害极大，无良好的治疗方法，要以预防为主，及时接种疫苗预防，发病后为慢性的可用药物治疗，如果是急性一定要及时处理掉病鸡。如果是养鸡场发病，要将鸡场全部封锁，将场内鸡全部扑杀焚烧，再对场地进行全部的消毒，在 2 个月后，再重新引鸡饲养。

三、大肠杆菌病

（一）主要症状

大肠杆菌病是由大肠杆菌引发的常见疾病。发病时表现为腹泻、精神沉郁、食用不振或不进食，常常还危害鸡的肝脏而致死。

（二）防治方法

减少养殖密度，做好卫生环境以及消毒工作，饮水和饲料一定要干净清洁，防止因取食变质或发霉的水、饲料导致此病发生。发病时用链霉素、土霉素等防治即可，也可在饲料中加入维生素，增强抗病力。

四、鸡白痢

（一）主要症状

鸡白痢由沙门氏菌引起，1月龄大的雏鸡易患此病，这是因为雏鸡的体质较弱，易受其侵扰。发病具体表现为不进食、精神不振、脱水、腹泻，最后死亡。

（二）防治方法

平时加强饲养管理和消毒隔离，保持适宜的温度，在饲料或饮水中加入适量的抗生素；发病后，及时将病鸡隔绝，再用恩诺沙星治疗。

五、鸡痘

（一）主要症状

各品种年龄鸡均易感：幼鸡发病后死亡率高；成年鸡较少患病，主要影响产蛋率。根据临床表现可分为皮肤型、黏膜型和混合型。皮肤型鸡痘表现为身体无羽毛部位发生痘疹结节，其表面凹凸不平、坚硬干燥，严重时眼睑长满痘疹，可使视觉丧失。黏膜型鸡痘表现为口腔、咽喉溃疡，气管前部有痘疹及干酪样渗出物，阻塞呼吸道导致鸡窒息而死，死亡率在40%以上。混合型鸡痘兼有上述皮肤型和黏膜型的症状。

（二）防治方法

接种鸡痘疫苗可有效防治本病。规模养鸡场和常发地区每年春、秋季用弱毒苗各接种免疫 1 次。

治疗上目前尚无特效药物，主要采取对症疗法。皮肤痘痂可用 0.1%高锰酸钾涂擦，用镊子剥离痘痂，然后在伤口处涂上碘酊。口腔、咽喉黏膜病灶，可用镊子将假膜剥离，冲洗后涂擦碘甘油。为防止继发细菌感染，可在饲料中添加 0.08%~0.1%土霉素，连喂 3 天。

六、传染性法氏囊病

（一）主要症状

雏鸡传染性法氏囊病又叫"腔上囊炎""传染性囊病"，是由病毒引起的一种急性、高度接触性传染病，临床上以法氏囊肿大、肾脏损害为特征。

在易感鸡群中，本病往往突然发生，潜伏期短，感染后 2~3 天出现临床症状，早期症状之一是鸡啄自己的泄殖腔。发病后，病鸡下痢，排浅白色或淡绿色稀粪，腹泻物中常含有尿酸盐，肛门周围的羽毛被粪或泥土污染。随着病程的发展，饮、食欲减退，并逐渐消瘦、畏寒，颈部、躯干震颤，步态不稳，行走摇摆，体温正常或在疾病末期体温低于正常，精神委顿，头下垂，眼睑闭合，羽毛无光泽、蓬松脱水，眼窝凹陷，最后极度衰竭而死。5~7 天死亡率达到高峰，以后开始下降。病程一般为 5~7 天，长的可达 21 天。

（二）防治方法

对雏鸡进行免疫接种。目前雏鸡常用的活疫苗主要是中等毒力疫苗，接种后对法氏囊有轻度损伤。一般在 10~12 日龄对雏鸡进行点眼、滴鼻或饮水免疫，对雏鸡具有较好的免疫保护作用。

提高种鸡的母源抗体水平。种鸡群在 18~20 周龄和 40~42

周龄经 2 次接种传染性法氏囊病毒油佐剂灭活苗后，可产生高抗体水平并传递给子代，使雏鸡获得较整齐和较高母源抗体，在 2~3 周龄内得到较好的保护，防止雏鸡早期遭受感染。

对于发病的鸡群，应用抗法氏囊高免血清或高免卵黄抗体紧急接种注射，具有良好的疗效，可以迅速控制本病的流行，与此同时，应用 5% 葡萄糖水供鸡群饮用，可有助于病鸡的康复。

七、病毒性关节炎

(一) 主要症状

病毒性关节炎是由呼肠孤病毒引起的一种重要传染病。病毒主要侵害关节滑膜、肌腱和心肌，引发关节炎、腱鞘炎、肌腱断裂等。

大部分鸡感染后呈隐性经过，平时观察不到关节炎的症状，但屠宰时约有 5% 的鸡可见趾曲肌腱、腓肠肌腱肿胀。鸡群平均增重缓慢，饲料转化率低。色素沉着不佳，羽毛异常，骨骼异常，腹泻时粪便中含有未消化的饲料。蛋鸡受到感染时，产蛋量可下降 10%~15%，种鸡的受精率也下降。急性病例多表现为精神不振、全身发绀和脱水、鸡冠呈紫色至深暗色、关节症状不显著。临床上多数病例表现为关节炎型，病鸡跛行，胫关节、趾关节（有时包括翅膀的肘关节），以及肌腱发炎肿胀。病鸡食欲和活动能力减退，行走时步态不稳，严重时单脚跳，单侧或双侧跗关节肿胀，可见腓肠肌断裂。

(二) 防治方法

(1) 加强饲养管理，注意鸡舍、环境卫生。从未发生过该病的鸡场引种。

(2) 坚持执行严格的检疫制度，淘汰病鸡。

(3) 易感鸡群可采用疫苗接种。8~12 日龄首免，接种弱毒疫苗，皮下注射或饮水免疫；8~14周龄二免，开产前再注射1次灭活油乳苗。本病没有药物可治疗。

八、传染性贫血病

（一）主要症状

传染性贫血病是由鸡传染性贫血病病毒引起的一种亚急性传染病。自然条件下只有鸡对该病易感，主要发生在2~4周龄内的雏鸡。

病鸡表现出厌食、精神沉郁、衰弱、贫血、消瘦、体重减轻，成为僵鸡。喙、肉髯和可视黏膜苍白，皮下和翅尖出血也极为常见。若继发细菌、真菌或病毒感染，可加重病情，阻碍康复，死亡增多。感染后16~20天贫血最严重，血细胞压积值降到20%以下。濒死鸡可能有腹泻。

（二）防治方法

1. 预防

（1）加强和重视鸡群的日常饲养管理和兽医卫生措施，防止由环境因素及其他传染病导致的免疫抑制，及时接种鸡传染性法氏囊病疫苗和鸡马立克氏病疫苗。

（2）引进种鸡时，应加强检疫和监测，防止从外引入带毒鸡而将该病传给健康鸡群。在SPF（无特定病原）鸡场应及时进行检疫，淘汰阳性感染鸡。

（3）疫苗免疫接种方面，使用由鸡胚生产的有毒力的活疫苗，可通过饮水免疫途径对13~15周龄的种鸡进行接种，可有效地防止其子代发病。

（4）为了防止子代暴发传染性贫血病，必须在开产前数周对种鸡进行饮水免疫，种鸡在免疫后6周才能产生强免疫力，并能持续到60~65周龄，种鸡免疫6周后所产的蛋可留作种用。

（5）同时应做好鸡马立克氏病、鸡传染性法氏囊病的免疫预防，因为鸡传染性贫血病病毒常与这两类病毒混合感染，而增加鸡对鸡传染性贫血病病毒的易感性。

2. 治疗

该病目前尚无特效药物。对发病鸡群，可用广谱抗生素控制与鸡传染性贫血病相关的细菌性继发感染。

九、坏死性肠炎

（一）主要症状

本病多发于湿度和温度较高的 4—9 月，以 2~5 周龄尤其是 3 周龄的肉鸡多发。蛋鸡主要发生在 5 周龄以上的鸡。平养鸡比笼养鸡多发。以突然发病和急性死亡为特征。

病鸡表现为明显的精神沉郁，闭眼嗜睡，食欲减退，腹泻，羽毛粗乱无光且易折断，生长发育受阻，排黑色、灰色稀便且有时混有血液。与小肠球虫病并发时，粪便稍稀呈柿黄色或间有肉样便。病程稍长，有的出现神经症状。病鸡翅腿麻痹、颤动，站立不起，瘫痪，双翅拍地，触摸时发出尖叫声。

（二）防治方法

1. 预防

（1）搞好鸡舍的卫生，及时清除粪便和通风换气；合理贮藏动物性蛋白质饲料，防止有害菌的大量繁殖；在饲料中添加中药制剂妙效肠安，饮水中加入益肠安、氨苄西林，连用 3~5 天。

（2）建立严格的消毒制度。鸡体喷雾消毒，可用 0.5% 度米芬或 0.015% 百毒杀（10% 癸甲溴铵溶液）日常预防带鸡消毒，0.025% 百毒杀用于发病季节的带鸡消毒，一周 2 次。菌毒净和百毒杀在蛋和肉中无残留，可用于饮水消毒。用具消毒，每日对所用过的料盘、料桶、水桶和饮水器等饲养器具，用 0.01% 菌毒清、0.01%百毒杀或 0.05%度米芬液洗刷干净，晾干备用。

2. 治疗

饮水中加入 0.03%痢菌净，1 日 2 次，每次 2~3 小时，连用 3~5 天；饲料中拌入 15 毫克/千克杆菌肽和 70 毫克/千克盐霉素。2 周龄以内的雏鸡，100 升饮水中加入阿莫西林 15 克，每日 2 次，每次 2~3 小时，连用 3~5 天。

用药 24 小时后，粪便颜色明显改变，病鸡症状减轻，采食量增加，3 天后症状消失，鸡群恢复正常以后再加强用药 2 天。

十、啄癖

（一）主要症状

啄癖是养鸡生产中的一种多发病，常见的有啄羽、啄趾、啄背、啄肛、啄头等。轻者使鸡受伤，重者造成死亡。如不及时采取措施，啄癖会很快蔓延，带来很大的经济损失。

病鸡腹侧、尾部羽毛被啄脱，皮肤出血、结痂。泄殖腔常被啄得血肉模糊，甚至将后半段肠管啄出吞食。

（二）防治方法

1. 预防

（1）断喙。于 6~9 日龄断喙可有效地预防啄癖的发生。

（2）合理分群。按鸡的品种、年龄、公母、大小和强弱分群饲养，以避免发生啄斗。

（3）加强管理。鸡舍要通风良好，舍温保持为 18~25 ℃，相对湿度以 50%~60%为宜。饲养密度以雏鸡 20 只/米²、育成鸡 7~8 只/米²、成年鸡 5~6 只/米² 为宜，设置足够数量的食槽和水槽。

（4）光照不宜过强。利用自然光照时，可在鸡舍窗户上挂红色帘子或用深红色油漆涂窗户玻璃，使舍内呈现暗红色。

（5）合理配制饲料。雏鸡料中的粗蛋白含量应达到 16%~19%，产蛋期不低于 16%；饲料中的矿物质（如钙、磷）含量应达到 2%~3%。

（6）产蛋箱要足够，并设置在较暗的地方，使母鸡有安静的产蛋环境。

（7）有外寄生虫时，鸡舍、地面、鸡体可用 0.2% 溴氰菊酯微乳剂进行喷洒，对皮肤疥螨病可用 20% 硫磺软膏涂擦。

（8）平养鸡可在运动场上悬挂青菜让鸡群啄食，既分散鸡的注意力，减少啄癖，又可补充维生素。

2. 治疗

（1）出现啄癖时，可在饲料中加 0.1%~0.2% 蛋氨酸连用 3~4 天；或在饲料中增加 0.2% 食盐，饲喂 4~5 天，并挑拣出有啄癖的鸡。

（2）若为单纯啄羽可用 0.3% 人工盐溶液，连饮 3~5 天。也可用硫酸亚铁和维生素 B_{12} 治疗，每天 2~3 次，连用 3~4 天，方法：体重 0.5 千克以上者，每只鸡每次口服 0.9 克硫酸亚铁和 2.5 克维生素 B_{12}；体重小于 0.5 千克者，用药量酌减。

（3）在鸡被啄的伤口上涂有特殊气味的药物，如鱼石脂、松节油、碘酊、甲紫，使别的鸡不敢接近，利于伤口愈合。

第六章　鸭养殖与疾病防治技术

第一节　鸭的饲养管理

一、肉鸭的饲养管理

（一）肉用仔鸭生产的特点

1. 生长特别迅速，饲料报酬高

肉用仔鸭的早期生长速度是所有家禽中最快的，8周龄体重可达3.2~3.5千克，甚至6~7周龄即可上市出售。一般饲养至8周龄上市，全程耗料比为1∶3左右；饲养至7周龄上市，全程耗料比降到1∶（2.6~2.7）。因此，肉用仔鸭的生产要尽量利用早期生长速度快、饲料报酬高的特点，在最佳屠宰日龄出售。

2. 体重大，出肉多，肉质好

大型肉鸭的上市体重一般在3千克以上，比麻鸭上市体重高出1/3~1/2，尤其是胸肌特别丰厚，因此，出肉率高。据测定，8周龄上市的大型肉用仔鸭的胸腿肉可达600克以上，占全净膛重的25%以上，胸肌可达350克以上，这种肉鸭肌间脂肪含量多，所以特别细嫩可口。

3. 生产周期短，可全年批量生产

肉用仔鸭由于早期生长特别快，饲养期为6~8周，因此，资金周转很快，对集约化的经营十分有利。由于大型肉用仔鸭是舍饲饲养，并且配套系的母系产蛋量甚高，所以无季节性的限制。

4. 采用全进全出制，建立产销加工联合体

肉用仔鸭的生产采用分批全进全出的生产流程，根据市场的需要，在最适屠宰日龄批量出售，以获得最佳经济效益。为此，必须建立屠宰、冷藏、加工和销售网络，以保证全进全出制的顺利实施。若超过最适屠宰日龄不能出售，以致不能实施全进全出制，则会带来严重的经济损失。

（二）育雏阶段的饲养管理

1. 进雏前的准备

1）估算数量

根据生产计划、饲养密度与鸭舍面积，估算饲养数量。

2）做好清扫和消毒工作

在进雏前，将育雏舍彻底清扫，选用 10%～20% 石灰水、2%～5% 氢氧化钠溶液、0.5% 度米芬溶液或者其他消毒液喷洒地面、墙壁、门窗等，并采用福尔马林溶液密闭加热熏蒸消毒 24 小时，每立方米用福尔马林溶液 25～30 毫升。把洗净的用具用消毒液浸泡，干燥后放入育雏舍一起熏蒸消毒。

3）准备好养鸭用具

每 1 000 只鸭配置开食盘 10 个、小饲料桶 10 个、中饲料桶 10 个、大饲料桶 2 个（直径为 50～60 厘米）、中饮水器 10 个等。

4）准备好垫料及保温设备

进鸭苗前 2 天，地面育雏舍铺好木屑、谷壳或稻草（切成 3～5 厘米小段）等垫料，网上育雏无需垫料；准备好保温灯、保温伞（架）等设备，并检查舍内有无贼风进入，在墙壁上安装抽风机以便换气。

5）调节温度

在雏鸭进舍前 12 小时，开启保温设备进行预热，使保温伞（架）内温度达到 30~32 ℃，并保持恒温。

6）调节湿度

适宜的湿度对育雏质量也很重要，湿度过低容易使雏鸭脱水，湿度过高易诱发多种疾病，造成雏鸭球虫病爆发。育雏舍相对湿度应控制在 55%~65%，随日龄增加，要注意保持鸭舍干燥，要避免漏水，防止粪便污染、垫料潮湿。

7）备好饲料及药品

备足营养全面、适口性好、易消化的饲料及常用药品，如高锰酸钾、福尔马林、青霉素、链霉素、氯霉素、多种维生素等。

2. 育雏期的饲养管理

1）接雏和分群

把雏鸭从出雏机中拣出，在孵化室内干燥绒毛后转入育雏室，此过程称为接雏。接雏可以分批进行，尽量缩短在孵化室的逗留时间，千万不要等到全部雏鸭出齐后再接雏，以免早出壳的雏鸭不能及时饮水和开食，导致体质变弱、影响生长发育、降低成活率。雏鸭转入育雏室后，应根据其出壳时间的早晚、体质的强弱和体重的大小，把体质好的和体质弱的雏鸭分开饲养，特别是体质弱小的弱雏，要把它放在靠近热源，即室温较高的区域饲养，以促使"大肚脐"雏鸭完全吸收腹内卵黄，最终提高成活率。体质差很多的雏鸭应分群饲养，雏群的大小以 200~300 只为宜。

第 1 次分群后，雏鸭在生长发育过程中又会出现大小、强弱的差别，所以要经常把鸭群中体强和体弱的雏鸭挑选出来，单独饲养，以免两极分化，即强的更强，弱的因抢食抢水能力差而越来越弱。通常在 8 日龄和 15 日龄时，结合密度调整，进行第 2

次、第 3 次分群。

2）饮水和开食

雏鸭育雏要掌握"早饮水、早开食，先饮水、后开食"的原则，先饮水后开食，有利于雏鸭的胃肠消毒，减少肠道疾病。

方法是在接进雏鸭后在地面上放 1 块塑料薄膜，洒一些含有电解多维素的凉开水，让雏鸭自由饮水，然后逐渐地换成小饮水器，这样可以大大降低雏鸭的死淘率，提高成活率。

首次饮水 2~3 小时后开食。开食可以用肉小鸭（鸡）的颗粒饲料，持续使用 3 天左右。另外，在开食时，还可以把饲料用水拌湿后撒在塑料薄膜上任其采食，开始少撒，边唤边撒，引导雏鸭认食找食。少喂勤添，逐渐过渡到定时，3 日龄之前每隔 2 小时喂 1 次，晚上 2 次，逐渐减少到 21 日龄每日 4 次。

（三）育成阶段的饲养管理

肉鸭 3~7 周龄称为中雏，也称育成鸭阶段。因为育成鸭一般不再需要保温，饲养密度也小得多，育成鸭可采用地面平养、离地网面平养、圈养或舍内与运动场结合的饲养方式。中雏期是鸭子生长发育最迅速的时期，对饲料营养要求高，且食欲旺盛，采食量大。中雏期的生理特点是对外界环境的适应性一般较强，比较容易管理。其饲养管理的要点如下。

1. 过渡期的饲养

1）饲料

在从雏鸭舍转入中雏舍的前 3~5 天，将雏鸭料逐渐调换成中雏料，使育成鸭逐渐适应新的饲料。过渡期一般至少 3 天，具体方法是第 1 天雏鸭料占 2/3；第 2 天雏鸭料占 1/2；第 3 天雏鸭料占 1/3；第 4 天完全用中雏料。

2）温度

除冬季和早春气温低时采用升温方式育雏饲养，其余时期中雏的饲养均采用自然温度饲养方法。但若自然温度与育雏末期的室温相差太大（一般不超过 3~5 ℃），会引起感冒或其他疾病，这时就应在开始几天适当增温。

3）空腹转舍

转群前必须空腹方可运出。

4）逐步扩大饲养面积

若采用网上育雏，则雏鸭刚下地时，地上面积应适当圈小些，待雏鸭经过 2~3 天的锻炼，腿部肌肉逐步增强后，再逐渐增大活动面积。因为中雏舍的地面积比网上大，雏鸭一下地，活动量增大，一时不适应，容易导致鸭子气喘、拐腿，重者甚至引起瘫痪。

2. 中雏期的饲料

中雏期鸭生长发育迅速，对营养物质要求高，要求饲料中各种营养物质不仅全面，而且配比合理。科学试验证明，该期使用全价配合饲料能使肉鸭生长快、缩短饲养周期、提高饲料报酬、减少饲料浪费、降低饲养成本、提高经济效益。

3. 饲喂

根据中雏的消化情况，育成鸭阶段一般采取自由采食（或 1 昼夜饲喂 4 次）和自由饮水制。投喂全价配合饲料，或者混合均匀的粉料，用水拌湿，然后将饲料分堆撒在料盆内或塑料薄膜上，分批将鸭赶入进食。

鸭在吃食时有饮水洗嘴的习惯，喜欢戏水理毛，所以需水量大，而且水易弄脏，因而鸭舍中需适当增加饮水器数量，也可设长形的水槽，及时添换清洁饮水。

育成鸭采食和饮水时，应有适当的空间，以防抢食和生长不均匀。建议标准：采食宽度每只不少于 10 厘米，饮水宽度每只不少于 1.5 厘米，饲料桶和饮水器应均匀分布。

4. 育成鸭的饲养管理

（1）保持鸭舍内清洁干燥：中雏期容易管理，要求圈舍条件比较简易，只要有防风、防雨设备即可。但圈舍一定要保持清洁干燥。夏季运动场要搭凉棚遮阴，冬季要做好保温工作。

（2）密度适当：中雏的饲养密度（每平方米地面养鸭数）要适宜，4 周龄 7~8 只，5 周龄 6~7 只，6 周龄 5~6 只，7~8 周龄 4~5 只，具体视鸭群个体大小及季节而定。冬季密度可适当增加，夏季可适当减少，气温太高时可让鸭群在室外过夜。不断调整密度，以满足雏鸭不断生长的需要，不至于过于拥挤，从而影响其摄食生长，同时也要充分利用空间。

（3）分群饲养：将中雏鸭根据强弱、大小分为几个小群，尤其对体重较小、生长缓慢的中雏鸭应强化培育、集中喂养、加强管理，使其生长发育能迅速赶上同龄强鸭，不至于延长饲养日龄。

（4）光照：适当的光照有益于中雏的生长发育，所以中雏期间应坚持 23 小时的光照制度。

（5）砂砾：为满足雏鸭生理机能的需要，应在中雏鸭的运动场上，专门放几个砂砾小盘，或在精饲料中加入一定比例的砂砾，这样不仅能提高饲料转化率、节约饲料，而且能增强其消化机能、提高鸭的体质和抗逆能力。

（四）育肥阶段的饲养管理

商品鸭在 7 周龄至上市为育肥阶段，其饲养管理总原则是采取有效措施，加快生长速度，提高商品合格率。此期间肉鸭的机体各部分充分发育，各种机能不断加强，饲养水平可比育成鸭粗放些，除饲养密度应小些、饲养营养水平相对低些和慎防腿病外，其他饲养管理方法基本跟育成鸭相同。

1. 合理分群

鸭只育成期结束后，生长速度明显加快，饲养管理人员应随时进行强弱、大小、公母分群。分群最好在夜间或早晨进行，并在饮水中加入电解多维素以防产生应激。

2. 饲料更换

育肥阶段肉鸭体温调节机能已趋于完善，肌肉与骨骼的生长和发育处于旺盛期，绝对增重处于最高峰阶段，采食量迅速增加，消化机能已经健全，体重增加很快。育肥期肉鸭生长旺盛，需要的能量大，此时可不提高日粮能量水平，而使育肥期日粮的能量水平相对降低，肉鸭可以根据能量水平调整采食量。相对降低日粮中的能量水平可促使肉鸭提高采食量，有利于肉鸭快速生长，也相应降低了饲料成本。育肥期的颗粒料直径可改为 3~4 毫米或 6~8 毫米。为减小由于饲料更换带来的应激，必须注意饲料的过渡，不能突然改变。过渡期一般至少 3 天，具体方法是：第 1 天日粮由 2/3 过渡前料和 1/3 过渡后料组成；第 2 天由 1/2 过渡前料和 1/2 过渡后料组成；第 3 天由 1/3 过渡前料和 2/3 过渡后料组成；第 4 天完全改为过渡后料。

3. 强制育肥

6 周龄以后的肉鸭即可进入育肥阶段，若不改变饲料配方，继续按中雏鸭同样的饲喂方法亦可，但增重速度不太理想，最好的方法是进行强制育肥，主要为了提高肉鸭肥度，使肉质更加鲜美细嫩。

育肥前，淘汰瘫、残、病鸭及体重过小鸭，并按鸭体重分为大、中、小 3 类，当中鸭养到 45 天时，开始育肥最为适宜。育肥期间要使用高能量、低蛋白的配合饲料（代谢能 12.55 兆焦耳/千克，粗蛋白质 14%~15%即可）。参考配方 1：玉米粉 60%、麸皮 10%、草粉 4%、米糠 10%、豆饼 4%、菜籽饼 5%、鱼粉 5%、骨粉 1.7%、食盐 0.3%；参考配方 2：玉米 35%、米糠 30%、粗面粉 26.5%、黄豆 5%、贝壳粉 2%、骨粉 1%、食盐 0.5%，后期去掉黄豆，减 5% 米糠，增加 10% 玉米。另外每 100 千克饲料中加砂砾 2 千克及添加电解多维素。

二、蛋鸭的饲养管理

(一) 雏鸭的选择

选择按时出壳、绒毛整洁、毛色正常、大小均匀、眼突有神、喙爪有光泽、行动活泼、脐带愈合良好、体膘丰满、尾端不下垂的壮雏鸭。

(二) 雏鸭的培育

雏鸭从出壳到 4 周龄，称为雏鸭阶段。

1. 育雏方式

育雏方式有网上育雏和地面垫料育雏。

2. 育雏前 1~2 周准备

1) 鸭舍准备与消毒

进鸭前检修好鸭舍，备好各种饲养物品，提前 1 周对鸭舍、周围环境和设备进行彻底清扫和消毒。地面平养垫料要摊平，厚度 5~10 厘米，以不漏出地面为宜。网上平养育雏期间应铺塑料薄膜或报纸，防止雏鸭受凉。

2) 鸭舍预温

进鸭前打开保温设备预先升温，使育雏范围的温度达到 32~35 ℃。

进鸭前 2 小时放入准备好的饮水器，使水温达到 20 ℃ 左右，1 周内给雏鸭饮温水。

3) 保温设备

可选择煤炉、保温灯、保温伞等保温设备。煤炉保温要防止煤气中毒。

3. 雏鸭饲喂

1）开水与喂水

雏鸭出壳后首次给水称开水。雏鸭入舍后要先饮水后开食。一般出壳 24 小时左右，大部分雏鸭有啄食行为时即可开水。开水时可将雏鸭赶入浅水盆或浅水池中，水深 0.5~1.0 厘米为宜。或者向雏鸭身上喷水，让其互相啄食身上的水珠。早下水，可使雏鸭受到水的刺激，处于兴奋状态，促进新陈代谢，增进食欲和排出胎粪。要保证每只雏鸭都学会饮水。

开水后，第 2 天就可以用饮水器喂水。饮水器要特制的，够深才能防止雏鸭进入洗浴。

开水时可添加 0.01% 电解多维素、5% 葡萄糖水或抗菌药物以增强鸭体的抗病能力。

2）开食与喂料

开食，把料撒在报纸或塑料薄膜上。要保证每只雏鸭第 1 天都学会吃料。

开食后，第 2 天就可用料桶喂料。

第 1~2 天喂夹生米饭；第 3 天起，掺入少量动物性鲜饲料；第 7 天起，过渡到喂配合饲料，并且加喂 20%~30% 的青饲料。也可以从第 1 天起就饲喂全价颗粒料。

雏鸭 10 日龄内喂料 6~7 次/天（白天 4~5 次，晚上 1~2 次）；11~20 日龄喂料 4~5 次/天，晚上也要有 1~2 次。饲喂量随日龄变化而变化，饲喂量一般第 1 天按 2.5 克/只，以后每天递增 2.5 克/只。

4. 雏鸭管理

1）温度

第 1 周内育雏室室温 28~30 ℃，以后每周下降 2~3 ℃，直至降到 20 ℃时开始逐步脱温。将温度计挂在离地面 15～20 厘米高的墙壁测室温。

2）湿度

鸭虽然喜欢游水，但圈舍应干燥，如果久卧潮湿地面，不但影响饲料消化吸收，还会造成烂毛、患病。

育雏舍的湿度应为 50%～60%。

雏鸭食量大、饮水多、排粪多而稀薄、喜欢玩水，所以保持育雏舍干燥是一件不容易的事情。

降湿方法：及时更换潮湿的垫草；喂水切勿外溢；通风换气良好。

3）通风

雏鸭体温高、呼吸快，易造成室内空气污浊，所以应加强通风，保持空气新鲜，无刺鼻眼的气味，但要防止贼风，不能让冷风直接吹到鸭身。

4）密度

1～14 日龄为 35～25 只/米^2；15～28 日龄为 25～15 只/米^2。

5）光照

蛋鸭胆小，为防止惊群，晚上应通宵弱光照明。3 日龄内22～23 小时，以后每天减少 0.5～1 小时，直至 10 小时后保持恒定，光照强度 2～3 瓦/米^2。育雏室内应保持通宵弱光光照，光照强度 1～2 瓦/米^2。应备有应急灯。

6）分群

鸭虽然不喜欢打斗，但抢料时也是很激烈的，根据出壳时间及鸭体质强弱进行分群，每群以 200 只左右为宜，防止打堆。

7）下水

天气温暖时，3 日龄起雏鸭可调教下水。水的深度要由浅到深，从 3 日龄起可用浅水训练鸭下水，随着日龄增加，可逐渐增加水的深度。一般 2~3 次/天，每次 5 分钟左右，以"点水"为主，水温不低于 15 ℃。5~15 天开始自由下水活动。

通过洗浴与游泳，增加运动量，促进消化与代谢，促进骨骼、肌肉、羽毛的生长。

8）放牧

7 日龄后，有条件的地方，可放牧饲养。放牧前要进行信号调教。

9）建立稳定的管理程序

雏鸭的饮水吃料、下水游泳、放牧觅食、上滩理毛、入舍歇息等都要定时定池，有一套管理程序，并保持不变。如果经常变动，会使雏鸭生长发育受阻，甚至患病而降低育雏率。

（三）育成鸭的饲养管理

育成鸭是指 5~18 周龄的中鸭，也叫青年鸭。

1. 饲养

传统的育成鸭大多采用放牧饲养，但随着社会的发展，很多地方已不适合放牧饲养，因而现在大多采用圈养。

饲料用蛋鸭后备料，从雏鸭料转换为后备料要 5~7 天时间过渡。

要供给充足、平衡的营养物质，特别是骨骼、羽毛生长所需的营养。

蛋鸭生长慢，在育成期可以不用限制饲养，但最好喂粉料，这样不容易过肥。粉料的适口性差，应拌湿喂给，尤其是天气炎热时，要现拌现喂，不能拌得太多。

喂饲次数：每昼夜喂 3~4 次。

有条件的地方，应采用放牧饲养，结合补饲。放牧前要进行信号调教。

2. 管理方面

1）选择

60 日龄时进行初选，剔除生长发育不良、毛色杂乱等残次鸭。

100 日龄时再进行复选，淘汰颈粗、身短及不符合品种特征的鸭。

2）光照

光照时间 10~15 小时/天，光照强度 2~3 瓦/米²。舍内应通宵弱光照明，光照强度 0.5 瓦/米²。

3）控制体重

加强运动，晴天尽量放鸭到运动场活动，阴雨天可定时赶鸭在舍内进行转圈运动，每次 5~10 分钟，每天活动 2~4 次。6 周龄后要限制喂料量，多喂些青、粗饲料，以控制体重。要求 120 日龄入舍鸭平均体重控制在 1.4 千克左右，均匀度 75% 以上。

4）放牧

（1）放牧场所。应选择有野草、昆虫、螺蛳等食物的场所放牧，放牧场所应无疫情、无污染。

（2）放牧时间。冬季、早春宜在无风、晴朗的中午，夏季宜在早晨、傍晚。放牧时应注意天气状况，避免在高温烈日、雨天或剧变的天气放牧。同时应避免噪声、惊吓等引起的应激。

（3）信号调教。定时放牧和及时回舍，用固定的口令、牧杆、动作信号训练，培养形成固定的条件反射。

（4）补饲。放牧前不喂料，放牧归来后，视鸭群的进食程度、食欲状况补喂饲料。

5）圈养

（1）圈养场所。鸭舍、运动场、水面面积之比至少 1：2：3，尽量增加运动场和水面面积。

（2）饲养密度。要按公母、强弱、大小及时分群饲养，以利生长发育均匀。饲养密度在 8~14 只/米²，随着日龄的增加逐渐降低饲养密度。到育成期末为 6 只/米²。

（3）限制饲养。通过饲料质量和数量进行限制饲养，宜多喂青、粗饲料，以控制体重。

（4）训练调教。有意识地对鸭子进行调教，培养形成稳定的生活习惯。

6）更换饲料

开产前 1 个月将后备料过渡为蛋鸭料，并逐渐增加光照。

（四）蛋鸭的饲养管理

一般蛋鸭利用到 72 周龄淘汰，或者通过人工强制换羽，再利用第 2 产蛋年。

1. 产蛋规律

与蛋鸡相比，蛋鸭具有开产早、产蛋高峰到达快、持续期长、连产性强等特点。到 72 周龄淘汰时，产蛋率仍达到 75% 左右。

鸭群产蛋集中在凌晨 1~5 点。

2. 蛋鸭的饲养

1）蛋鸭的饲料

蛋鸭产蛋多、蛋重大，因此营养要求比蛋鸡高，当产蛋率≥70% 时，粗蛋白质≥20%；当产蛋率≥80% 时，粗蛋白质≥22%。

2）饲喂与放牧

蛋鸭每天喂料 4 次，白天 3 次，夜间 1 次。约给每只蛋鸭喂料 150 克/天。

有放牧条件的，可以放牧，适当补料。

3. 产蛋期管理

1）场地

产蛋期实行全程圈养，鸭舍、运动场、水面面积之比至少1：2：3。鸭滩坡度以 15° 左右为宜。地面应保持干燥。

2）密度

圈养密度 7~8 只/米²。

3）温度

舍内维持在 5~30 ℃，温度过高过低时应采取人工调控。

4）光照

舍内应通宵弱光照明，光照强度 1~2 瓦/米²，其中 16~17 小时光照强度应在 2 瓦/米² 左右，灯泡高度离地 2 米左右。应备有应急灯。

5）喂料

（1）饲喂方式。可采用自由采食或定餐饲喂，定餐饲喂时 1 昼夜饲喂 3~4 次。

（2）饲料。供给蛋鸭专用饲料，不得使用霉变、生虫或被污染的饲料。在调整饲料配方时，应有 10 天左右的过渡期。

6）饮水

供水充足，水质良好。

7）日常管理程序

日常管理要形成规律，而且不得随意改变，保持蛋鸭稳定的生活规律。营养供应充足，加强多种维生素和矿物质微量元素的补充，维持适宜的体重，及时淘汰不良个体，不得使用副作用大的药物和禁止使用的药物。

8）人工强制换羽

蛋鸭一般养 2 个产蛋年。换羽停产时，最好进行人工强制换羽。自然换羽：4 个月。人工换羽：2 个月。

人工换羽方法如下。①当夏季天气炎热，鸭群产蛋率迅速下降时，只喂给粗饲料，连续 10~15 天后，完全停喂 3~4 天，只给饮水。这个阶段叫"制毛期"（此期间不下水，晚上只给极弱的光照）。②经过"制毛期"后，大羽羽根干枯，拔除大羽时，羽管尖端不带血点和筋肉丝。此时可将翼羽和主尾羽——拔除。③拔羽后慢慢恢复营养，按蛋鸭饲喂和管理。

（五）蛋用种鸭饲养管理

1. 公鸭

要求公鸭比母鸭大 1~2 个月，在育成鸭时期公、母鸭应分群饲养。未到配种期的公鸭，尽量少下水活动，以减少公鸭互相嬉戏。配种前 20 天，放入母鸭群中，此时要多下水，少关饲。

2. 公母配比

公母比例以 1：(15~20) 为宜，冬季 1：20，夏季 1：15。

3. 母鸭

饲养管理要求与蛋鸭基本相同。除按饲养标准配制日粮外，可适当增加维生素 A、维生素 E 和青饲料喂量。多下水，少关饲，以增加公鸭配种次数，提高种蛋受精率。

4. 种蛋管理

种蛋要及时收集，收集后要用 0.1%苯扎溴铵喷雾对种蛋表面进行消毒，贮放在阴凉干燥处，防止昆虫叮咬。种蛋保存温度 10~15 ℃，相对湿度 70%~80%。每隔 3~7 天入孵 1 批。

第二节 鸭常见疾病防治技术

一、鸭瘟

(一) 主要症状

潜伏期 2~5 天，体温 42 ℃，精神、食欲较差；体温高达 44 ℃时，拒食、口渴好饮水、两脚发软、羽毛松乱、翅膀下垂、行动迟缓。严重时伏地不能行走，排绿色或灰绿色稀便，眼睑肿胀、流泪、分泌浆液或脓性黏液，鼻分泌物增多，呼吸困难，常见头颈部肿胀。病程一般 3~4 天，最后衰竭而死，死亡率 90% 以上。剖检变化：可见病鸭可视黏膜有出血斑点，口腔黏膜有黄色假膜覆盖，食道黏膜、泄殖腔黏膜表面有一种灰黄色粗糙的伪膜或坏死，在食管部坏死呈现条纹状，并有出血性溃疡，腺胃或肠道有局灶性出血或坏死，肝脏有灰白色或灰黄色坏死灶，并有出血点，心冠脂肪出血。

（二）防治方法

推荐 5~7 日龄左右首免，注射鸭瘟疫苗，免疫期为 1 个月，15~20 日龄后再注射 1 次鸭瘟疫苗，免疫期 6 个月以上，种鸭每年注射 2 次鸭瘟疫苗。

平时应加强饲养管理，鸭舍、用具和运动场定期消毒，保持清洁卫生，不到疫区放牧。

治疗方案：用高免血清或高免卵黄抗体皮下或肌内注射 1 毫升，并用抗病毒药物和抗生素饮水；混感清+毒感康（混益康）+达诺佳（洛美清音）；喘呼通+鸭浆康+双黄连口服液（败毒解、毒克）。

二、鸭大肠杆菌病

（一）主要症状

患病雏鸭的主要临诊症状和病理变化为精神抑郁症，食欲下降或废食，拉黄白色稀粪，肠杆菌性败血症的特征性病变为心包炎、肝周炎和气囊炎，心包粘连。

（二）防治方法

（1）鸭大肠杆菌血清型较多，使用当地分离菌株制备的灭活菌苗免疫预防。

（2）大肠杆菌易产生耐药性，经药敏试验筛选有效药物治疗。

三、病毒性肝炎

（一）主要症状

病毒性肝炎是一种雏鸭急性传染病，病原体为一种肠病毒，死亡率高达 90%，主要危害 4~10 日龄雏鸭。感染后潜伏期 1~4 天，突然发病，迅速传播。病鸭精神委顿，眼半闭、嗜睡状，并见神经症状，运动失调，身体倒向一侧，或背着地、转圈，双脚痉挛性运动，头向后仰，呈角弓反张姿势。上述症状出现几分钟至几小时内死亡。剖检肝脏肿大、质脆，被膜下有大小不等的出血点或出血斑；胆囊肿大，充满胆汁；肾、脾有时肿大。

（二）防治方法

利用高免血清和康复鸭血清肌内注射 0.5 毫升进行预防，也可用免疫母鸭产的蛋，制成免疫蛋黄，给病鸭每只注射 1.0~1.5 毫升。雏鸭增喂适量维生素及矿物质，以增强体质。不同日龄雏鸭严格实行分开隔离饲养。

四、减蛋综合征

（一）主要症状

本病主要发生于产蛋鸭群，其传染途径既可经蛋垂直传播，也可通过呼吸道、消化道水平传播。病鸭一般无特殊症状，主要表现为突然发生，产蛋明显下降，比发病前正常产蛋量下降 50% 左右。病鸭产软壳蛋、畸形蛋、小蛋，有的蛋清稀薄如水样。很少死亡，多数鸭吃食正常。

（二）防治方法

可用疫苗接种：蛋鸭 120 日龄用鸭减蛋综合征油乳剂灭活疫苗（或鸭减蛋综合征蜂胶灭活疫苗）皮下注射每只 1 毫升。对已发病鸭群，可用百毒杀加强消毒。饲料中加入鱼肝油、亚硒酸钠 VE 粉、增蛋宝等，以快速恢复产蛋。

五、鸭传染性脑脊髓炎

（一）主要症状

本病主要是侵害雏鸭神经系统的一种病毒性传染病。常出现在 1~3 周龄的雏鸭，开始精神不振，随之发生运动失调，前后摇晃，有的坐在地上，有的倒卧在一侧；以后症状更加明显，很少活动，如受惊扰，行走动作不能控制，足向外弯曲难以行动，两翅展开，头颈震颤，步态不稳，最后呈侧卧瘫痪状态。病初雏鸭有食欲，当病鸭完全麻痹后，则无法摄食和饮水，衰竭并相互踩踏死亡。

（二）防治方法

在发病严重地区种鸭应接种疫苗，在种鸭产蛋前 1 个月接种禽脑脊髓炎油乳剂灭活疫苗。当雏鸭发病时，立即淘汰重病雏鸭，并做好消毒、隔离与综合预防措施，防止病原扩散。对全群注射脑脊髓炎高免卵黄抗体，同时用混感清，配合维生素 C、复合维生素 B 及鸭浆康，连用 3~5 天可控制病情。

六、鸭坏死性肠炎

（一）主要症状

该病又叫"烂肠瘟"，是由坏死杆菌感染鸭的肠道后生长繁殖并产生毒素所引起的一种慢性传染病。病鸭精神萎靡，鸭体消瘦，拉出腥臭的黑褐色稀粪，肛门周围常粘有粪便。食欲下降，甚至废绝，有时见病鸭口中吐出黑色液体。

（二）防治方法

（1）彻底清除鸭圈及鸭群的活动场所，将病死鸭的尸体、粪便和垃圾销毁并进行无害化处理，然后用百毒杀消毒液喷洒消毒，连续 5 天。

（2）供应充足、洁净的饮水，在饮水中加入适量的电解多维素，连续 5 天，减少脱水造成的死亡。

（3）肠立健 1 000 克，拌料 200 千克，连用 5~7 天。新霉素 100 克+地美硝唑 100 克，兑水 150 千克，集中于 3~4 小时饮用，连用 3~5 天。

七、鸭疫里氏杆菌病

该病又叫"鸭传染性浆膜炎"，主要发生于2~7周龄以下的雏鸭。

（一）主要症状

潜伏期1~3天。病鸭眼鼻分泌物增多、眼周围羽毛黏湿、咳嗽、打喷嚏、拉黄绿色稀便、腿软、走路摇摆、跛行、后期倒地、两腿呈游泳状划动、肌肉痉挛、头颈震颤、很快死亡。慢性病例头颈扭曲、采食困难、消瘦死亡。

（二）防治方法

（1）做好菌苗预防接种并且剂量要足够，同时搞好鸭场的环境卫生。育雏时，注意防寒保暖、避免雨水淋湿、保持栏舍通风干燥。

（2）采用鸭疫里氏杆菌灭活铝胶苗，在5~7日龄时颈部皮下注射，剂量为每只50亿个菌数。同时对养殖场地进行反复消毒。

（3）用鸭浆康（佳氟、肠杆速治、克菌宁、卵管舒）+四味双克（普欣、败痢清）进行治疗。

八、鸭霍乱

（一）主要症状

最严重的发病发生在流行季节，死亡前没有症状。急性症状是体温升高，腹泻（黄色、绿色或灰白色排泄物），口腔和鼻孔流泡沫和黏液，食欲不振或饮食不足，可在0.5~3天内死亡。慢性症状是贫血、食欲减退、身体逐渐消瘦、关节炎症、肿胀，导致病鸭不能正常行走，常躺在低处，病程高达数周，但死亡率不高。

（二）防治方法

（1）加强饲养管理。

（2）肉用鸭于 20 ~ 30 日龄免疫 1 次即可。蛋（种）鸭于 20 ~ 30 日龄首免，于开产前半个月二免，开产后每半年免疫 1 次。

（3）用超级黑克（佳氟、肠杆速治、喘痢停、培利健、普力欣、光华头孢）+四味双克（败痢清、健胃消食散）进行治疗。

九、鸭流感病原体

（一）主要症状

该病无季节性，但以冬、春季多发。发病时病鸭不能站立，头颈后仰，尾巴向上翘，喙、蹼、皮肤等充血出血。患此病的蛋鸭产蛋量明显下降，产小型蛋。

（二）防治方法

（1）重点还是预防接种。商品鸭一般在 10 ~ 15 日龄首免（最早可在 3 ~ 5 日龄首免），用鸭禽流感疫苗颈部皮下注射 1 羽份；在 40 ~ 45 日龄进行二免，颈部皮下注射 1 羽份。

（2）用混感清（病毒新克、混感康）+毒感康（混益康、毒克）+培利健（克菌宁、肠杆速治），同时饮水中加入多维速补进行治疗。

十、中暑

（一）主要症状

中暑又叫"热射病""热衰竭"，是水禽在夏天炎热季节常发的一种疾病。近年来，北方地区夏季持续高温，鸭若长时间放牧或休息于烈日暴晒之下，就容易发生中暑；如果舍内通风不好、闷热潮湿，也容易造成鸭中暑。

中暑鸭主要以神经症状为主，病鸭烦躁不安、呼吸急促、口渴、翅膀张开下垂、昏迷倒地、痉挛、体温升高、黏膜潮红、昏迷；严重者可造成死亡。剖检死鸭可发现大脑充血、出血，全身静脉充满暗红色血液，血液凝固不良。

（二）防治方法

高温季节避开温度最高的时间放牧，放牧时早出晚归，中午找有遮阴的地方休息，组群不宜太大，饲养密度要适宜；保证足够清洁的饮水，鸭舍要采取适当措施防暑降温。解暑配方为淡竹叶 10 克、滑石 15 克、生地黄 12 克、白茅根 25 克、香薷 15 克煎水，供 15 日龄鸭饮用。

第七章 鹅养殖与疾病防治技术

第一节 鹅的饲养管理

一、雏鹅的饲养管理

（一）雏鹅的特点

鹅的育雏期，是指从雏鹅出壳至 4 周龄的这段培育期。育雏期雏鹅生长发育较快，4 周龄时体重达初生重的 10 倍以上。雏鹅的消化道容积小，肌胃收缩力弱，消化道中蛋白酶、淀粉酶等消化酶数量少、活性低、消化能力不强。雏鹅绒毛稀少，体温调节功能尚未健全，对外界温度变化的适应能力弱，特别是对低温、高温和温度剧变的适应能力差。此外，雏鹅免疫功能不全，对疾病的抵抗力较差，容易感染各种疾病。根据雏鹅的生理特点，做好育雏阶段的饲养管理工作特别重要。饲养管理工作的好差直接影响雏鹅的生长发育和成活率，继而影响到育成鹅的生长发育和种鹅阶段的生产性能。

（二）雏鹅的选择

为保证雏鹅群有良好的饲养效果，必须对其进行严格的选择。健康雏鹅外貌特征要符合品种特征、出壳时间正常、体质健壮、体重大小符合品种要求、群体整齐；脐部收缩良好、绒毛洁净而富有光泽；腹部柔软、肛门清洁；用手抓雏鹅，感觉挣扎有力，将雏鹅仰翻放置，能很快翻身站起。弱雏鹅体重过小、脐部突出、有血痕；腹部较大、孵黄吸收不良、腹部有硬块；绒毛蓬松无光泽、两眼无神、站立不稳、挣扎无力等。雏鹅选择时间最好在出壳后 12~24 小时内进行，此时雏鹅的绒毛已干燥，能站立活动。

（三）育雏技术要点

1. 提供适宜的育雏环境

1）育雏室的整修与消毒

育雏室要求温暖、干燥、保温性能良好，空气流通，无贼风。进雏鹅前要做好准备工作：对育雏室进行检查，及时做好门窗、育雏设备的整修工作。进雏鹅前 2~3 天，育雏室清扫后要用消毒药液消毒，墙壁用 20%石灰乳涂刷，地面用 5%漂白粉悬混液喷洒消毒，密封条件好的育雏室可进行熏蒸消毒（每立方米空间用高锰酸钾 15 克，福尔马林 30 毫升，密闭门窗 48 小时）。饲料盆、饮水器等用 2%氢氧化钠溶液喷洒或洗涤，然后用清水冲洗干净；垫料、垫草等使用前在阳光下暴晒 1~2 天。

2）保持适宜的温度

适宜的温度是提高育雏成活率的关键因素之一。育雏的适宜温度参见表 7-1。

表 7-1　培育雏鹅的适宜温度

日龄	温度（℃）	相对湿度（%）	育雏室温度（℃）
1~6	29~33	60~65	25~27
7~10	27~30	60~65	23~25
11~15	25~27	65~70	23~24
16~20	23~25	65~70	22~23
21~25	常温	65~70	常温

雏鹅需保温 2~3 周，保温期的长短，可依据品种、季节、气温情况作调整。保温结束时，要做到逐渐脱温，当气温突然下降时不要急于脱温，应适当补温。

育雏温度是否合适，可以根据雏鹅的活动及表现来判断，温度过低时，雏鹅靠近热源，集中成堆、挤在一起、不时发出尖锐的叫声；温度过高时，雏鹅远离热源、张口喘气、行动不安、饮水频繁、食欲下降；温度适宜时，雏鹅分布均匀、安静无声、食欲旺盛。育雏期间切忌温度时高时低，忽冷忽热最易招致疾病。育雏保温应遵循下述原则：群小稍高，群大稍低；夜间稍高，白天稍低；弱雏稍高，壮雏稍低；冷天稍高，热天稍低。

保温措施有 2 种类型：第一种是自温育雏，第二种是供温育雏。养鹅数量少时自温育雏用得较多，可以利用稻草、毛毯、棉絮、箩筐、木桶等，依靠雏鹅自身散发的热能，通过保温膜覆盖，调节育雏温度。自温育雏节约能源，设备简单，但受环境条件影响较大，气温低的冬季一般不能用此法育雏鹅。供温育雏适用于饲养量较大的鹅场，育雏室采用电热保姆伞、红外线灯泡、煤炉或烟道加热保温。供温育雏不分季节，不论外界温度高低，均可以育雏，劳动生产率高，育雏的效果较好。供温育雏需消耗一定量的能源，育雏费用稍高。

3）保持适宜的湿度

湿度对雏鹅健康有很大的影响，而且湿度与温度是共同起作用的。育雏室要保持干燥清洁，相对湿度控制在 60%~70%。低温高湿时，雏鹅体热散发很快，会觉得很冷，易引起感冒、腹泻、挤堆，造成僵鹅、残次鹅和死亡数增加。在高温高湿时，体热散发不出去，雏鹅食欲下降，容易引起病原菌大量繁殖，造成雏鹅发病率上升。高湿是育雏中经常出现的现象，是育雏之大忌。为防止育雏室湿度过高，要求经常更换垫料，喂水切勿外溢,加强通风。

4)分群与防挤堆

雏鹅在开水、开食之前,应根据出雏时间的早晚和体质强弱,进行第 1 次分群,给予不同的保温制度和开水、开食时间。开食后的第 2 天,根据雏鹅采食情况,进行第 2 次分群,将不吃食或吃食量很少的雏鹅分出来另外喂食。育雏阶段要定期按强弱、大小分群,及时淘汰病雏。

雏鹅每群以 100 ~ 150 只为宜,每群再分若干小栏,每栏 25 ~ 30 只,安排适宜的饲养密度(表 7-2)。

表 7-2　雏鹅的饲养密度　　　　　单位:只/米²

类型	1 周龄	2 周龄	3 周龄	4 周龄
中小型鹅种	15 ~ 20	10 ~ 15	6 ~ 10	5 ~ 6
大型鹅种	12 ~ 15	8 ~ 10	5 ~ 8	4 ~ 5

雏鹅喜欢聚集成群,湿度低时常引起挤堆,易发生压伤、压死。出现挤堆时,饲养人员要及时赶堆分散,在天气寒冷的夜晚更易发生挤堆,应予注意。

(四)雏鹅的饲养管理

1.开水和开食

雏鹅出壳后的第 1 次饮水称"开水""潮口"。一般雏鹅出壳后 24 ~ 36 小时,育雏室内 2/3 的雏鹅有啄食现象时应进行开水。开水的水温以 25 ℃为宜,开水可用 0.05% 高锰酸钾液、5% ~ 10% 葡萄糖水或含适量复合维生素 B 的水。开水时可轻轻将雏鹅头按至水中蘸一下,让其饮水即可。开水后即可开食。开食料用雏鹅配合饲料或颗粒破碎料加上切碎的少量青绿饲料,其比例为 1 : 1。也可用蒸熟的籼米饭加一些鲜草作开食饲料。开食时可将配制好的全价饲料撒在塑料薄膜或草席上，引诱雏鹅自由吃食，也要自制长 30~40 厘米、宽 15~20 厘米、高 3~5 厘米的小木槽喂食，周边要插一些高 15~20 厘米、间距 3~5 厘米的竹签，防止雏鹅跳入槽内弄脏饲料。第 1 次喂食不要求雏鹅吃饱，只要能吃一点饲料就可以。过 2~3 个小时再用同样方法调教，几次以后雏鹅就会自动采食。

2. 饲喂次数和方法

育雏阶段饮用水要充足供应，饲喂应少食多餐。1 周龄内，每天喂 6~8 次，在头 3 天，喂的次数可少一些，每天喂 6 次左右。到 4 日龄后雏鹅体内蛋黄多已吸收完，体重较轻，俗称"收身"，这时，消化力和采食力都在加强，可每天喂 8 次。10~20 天日龄开始每日喂 6 次，20 日龄后每日喂 4 次（其中夜间 1 次）。

应把精饲料和青绿饲料分开喂，先喂精饲料，再喂青绿饲料，这样可以避免雏鹅专挑食青绿饲料、少吃精饲料，使雏鹅采食到全价饲料，既满足了雏鹅对营养的需要，又可防止吃青绿饲料过多引起腹泻。

3. 雏鹅的饲料

育雏鹅前期，精饲料和青绿饲料比例约为 1∶2，以后逐渐增加青绿饲料的比例，10 日龄后比例改为 1∶4。精饲料应是全价饲料。

4. 放牧和下水

雏鹅适时放牧，有利于增强适应外界环境的能力，强健体质。春季育雏从 5~7 日龄开始放牧。放牧选择晴朗无风的天气，喂料后放在育雏室附近平坦的嫩草地上，让其自由活动，自由采食青草。开始放牧时，时间要短，随着雏鹅日龄增加，逐渐延长放牧时间。阴雨天或烈日下不能放牧。放牧时慢赶、慢走。气温适宜时，放牧可以结合下水，把雏鹅赶到浅水处，让其自行下水、自由戏水，切勿强行赶入水中，以防风寒感冒。开始放牧、下水的日龄应视气温情况，夏季可提前 1~2 天，冬季可推迟几天。放牧时间和距离随着日龄的增长而增加，以锻炼雏鹅的体质和觅食能力，以便逐渐过渡到放牧为主，减少精饲料补饲，降低饲养成本。

5. 卫生防疫

搞好卫生防疫工作，对提高雏鹅生活力、保证鹅群健康十分重要。卫生防疫工作包括经常打扫场地和更换垫料，保持育雏室清洁、干燥，每天清洗饲槽和饮水器，环境消毒，按免疫计划接种疫苗。同时要防止鼠、蛇等敌害动物伤害雏鹅。

二、仔鹅的饲养管理

（一）仔鹅的饲养方式

仔鹅是指 4 周龄以上至转入育肥前的青年鹅。这一阶段鹅的生长发育十分迅速，觅食力、消化力、抗病力都已显著提高，对外界环境的适应力增强，是肌肉、骨骼和羽毛迅速生长的阶段。此期间食量大、耐粗饲，饲养应以放牧为主，才能最大限度地把青绿饲料转化为鹅产品，同时适当补饲一些精饲料，满足鹅快速生长对营养物质的需要。

仔鹅的饲养方式有放牧饲养、放牧与舍饲相结合，以及全精饲舍饲 3 种。周边放牧场地充裕或饲养规模较小的，可采用放牧方式，饲养成本低、经济效益好。对放牧条件要求高，有一定规模的鹅场，可采用放牧结合舍饲，如结合种草养鹅，也能获得高的经济效益。全精饲料舍饲，成本高，一般不采用。对规模饲养场来说，最适宜采用种草养鹅的饲养方式。利用周边土地种植牧草，按饲养规模确定种草面积、牧草品种和播种季节，做到常年供应鲜草。这种饲养方式不受放牧场地和饲养季节的限制，能减轻放牧的劳动强度。采用规模化饲养，是发展现代养鹅业的主要形式。

（二）仔鹅上市前的育肥

仔鹅上市前需经过短期育肥，以改善肉质、增加肥度、提高产肉量。育肥可采用放牧和舍饲2种方法。

1. 放牧肥育

放牧育肥是一种传统的育肥方法，成本较低，在农村广为使用。放牧育肥主要利用油粮作物收割后，在茬地遗留的籽实及昆虫等供鹅采食，以替代精、粗饲料。

放牧育肥须充分了解农作物的收割季节，事先安排好放牧的茬地，有计划地孵化、育雏，使仔鹅的放牧期与作物的收割期相衔接。可在3月下旬至4月上旬开始育雏，以便仔鹅在麦类茬地放牧，放牧一结束，仔鹅已完成育肥过程，即可上市销售。油粮茬地放牧育肥受作物收割季节的制约，如未能赶上收割季节，则需进行短期的舍饲育肥。

2. 舍饲育肥

舍饲育肥效率高、育肥均匀度好，适用于放牧条件较差的地区和不宜放牧的季节，最适于集约化批量饲养。

将仔鹅置于光线暗淡的育肥舍内饲养，限制运动，饲喂含糖类丰富的谷实类饲料，让鹅自由采食，日喂3~4次，供给充足的饮水，以增加食欲、促进消化。使鹅体内脂肪迅速沉积，经10~14天育肥，即可上市销售。

三、种鹅的饲养管理

饲养种鹅是为了获取种蛋，以供繁殖。因此，应制订合理的饲养计划，选择适宜的饲养模式，以充分发挥种鹅的生产潜力，获取较好的经济效益。

（一）种鹅的选择

培养种鹅要经历选雏鹅、选青年鹅、选后备种鹅、产蛋后再挑选等多次筛选过程，才能选出优良的种鹅。

1. 选雏鹅

要从 2～3 岁的母鹅所产种蛋孵化的雏鹅中，挑选准时出壳、体质健壮、绒毛有光泽、腹部柔软、无硬脐的健雏，作为留种雏鹅。

2. 选青年鹅

在通过雏选的青年鹅中，把生长快（体重超过同群的平均体重）、羽毛品质及颜色符合本品种标准、体质健壮、发育良好的留作备种鹅，淘汰不合格的个体。选青年鹅一般在 70～80 日龄时进行。

3. 选后备种鹅

在通过青年鹅选的鹅群中选择后备种鹅。公鹅要求体形大、体质强壮、各部器官发育匀称、肥瘦适度、头中等大、眼睛灵活有神、有雄相、颈粗长、胸深而宽、背宽而长、腹部平整、两腿间距宽、鸣声洪亮、阴茎发育良好、精液品质优良。淘汰发育不良、阴茎短小、精液量少、精子活力低的公鹅。母鹅要求体形大、羽毛紧贴、光泽明亮、眼睛灵活、颈细长、身长而圆、前躯较浅窄、后躯深而宽、耻骨间距宽。选后备种鹅一般在开产前进行。

4. 产蛋后再挑选

在通过后备种鹅选的鹅群中选择种鹅。将留作种用的个体分别编号，记录开产期（日龄）、开产体重、第 1 年的产蛋数（每只分别记载）、平均蛋重和就巢性。根据以上资料，将产蛋多、持续期长、蛋大、体形大、就巢性弱、适时开产的优秀个体留作种母鹅；将产蛋少、就巢性强、体重轻、开产过早或过迟的母鹅淘汰。

（二）后备种鹅的饲养管理

后备种鹅是指 70 日龄以后，到产蛋或配种之前，准备留作种用的鹅。根据后备种鹅的生长发育特点，其饲养方式可分为生长阶段，控制饲养阶段和恢复饲养阶段。

1. 生长阶段

青年鹅 80 日龄左右开始换羽，经 30~40 天换羽结束。这个阶段青年鹅仍处在生长发育阶段，由于换羽需要较多的营养，不宜过早粗饲，应根据放牧场地的草质优劣情况，逐步降低饲料营养水平，使青年鹅体格发育完全。

2. 控制饲养阶段

后备种鹅经第 2 次换羽后，供给充足的饲养，经 50~60 天便开始产蛋。此时身体发育远未完全成熟，大群饲养时，常出现个体间生长发育不整齐、开产期不一致，饲养管理十分不便。所以要采用控制饲养措施来调节母鹅的开产期，使鹅群比较整齐一致地进入产蛋期。公鹅第 2 次换羽后，开始有性行为，为使公鹅充分成熟，在 120 日龄起，公、母鹅应分群饲养。

1）控制饲养的方法

后备种鹅的控制饲养方法主要有 2 种：一种是减少喂料数量，实行定量饲喂；另一种是控制饲料的质量，降低日粮的营养水平。鹅以放牧为主，大多采用降低日粮营养水平的方法。降低日粮水平要根据放牧的条件、季节以及种鹅的体质等状况，灵活掌握精、粗饲料配比和饲喂量，使之既能维持鹅的正常体质，又能防止种鹅过肥。

在控制饲养期间，应逐渐降低饲料的营养水平，每日的喂料次数由 3 次改为 2 次，尽量延长放牧时间，逐步减少每次喂料量。母鹅控制饲养阶段的日平均饲料用量一般比生长阶段的减少

50%~60%。饲料中可添加较多的填充粗饲料（如粗糠），以锻炼鹅的消化能力，扩大食管容量。后备种鹅在草质良好的草地放牧，可不喂或少喂精饲料。

种鹅培育期的喂料量，是依据种鹅体重来确定的。

2）控制饲养的管理要点

（1）挑出弱鹅。随时观察鹅群的精神状态、采食情况等，发现弱鹅、伤残鹅等要及时挑出，进行单独的饲喂和护理。弱鹅的表现是行动呆滞、两翅下垂、食草没劲、两脚无力、体重轻、放牧时落在鹅群的后面，重者卧地不起。弱鹅应停止放牧，进行特别管理，可饲喂质量较好的易消化饲料，到完全恢复后再放牧。

（2）注意防暑。育成期种鹅往往处于5—8月，气温高，应做好防暑工作。放牧时应早出晚归，避开酷热的中午。早上天微亮就应开始放牧，上午10点左右将鹅群赶出栏舍或在阴凉处让鹅休息，到下午3点左右再继续放牧，待日落后结束放牧。休息的场地最好有水源，便于鹅饮水、戏水、洗浴。

（3）搞好鹅舍的清洁卫生。每天清洗食槽、水盆，及时更换垫草，保持栏舍的清洁干燥，做好定期消毒工作。

3. 恢复饲养阶段

经控制饲养的种鹅，应在开产前30~40天进入恢复饲养阶段。此期应逐渐开始加料，让鹅恢复体力，促进生殖器官发育，补饲定时不定量，饲喂全价饲料。

在开产前，种鹅要服药驱虫并做好免疫接种工作。根据种鹅免疫程序，进行小鹅瘟、禽流感、鹅副黏病毒病、鹅蛋子瘟等疫苗接种。

（三）产蛋期种鹅的饲养管理

不同品种种鹅的产蛋量差异很大，应了解不同品种的产蛋规律，有针对性地进行饲养管理。鹅产蛋期的饲养管理要点如下。

1. 饲料营养

母鹅进入产蛋期后，应提高饲料质量。配制饲料应充分考虑到母鹅产蛋所需的营养物质，尽可能按饲养标准配制日粮。应特别注意补充蛋白质和钙，在产蛋高峰期，饲料中添加 0.1%蛋氨酸、0.05%赖氨酸，可提高种鹅产蛋量；在种鹅产蛋期间，应在运动场和放牧地放置粗颗粒贝壳粉，供鹅自由采食。喂料要定时定量，先喂粗饲料后喂绿饲料。每只每天补充精饲料 150~200 克，分 3 次喂给，其中 1 次在晚上，1 次在产蛋后。

2. 产蛋管理

母鹅的产蛋时间大多数在下半夜至上午 10 点以前。产蛋母鹅上午 10 点前不要出牧。产蛋鹅的放牧地点应选在鹅舍附近，便于母鹅产蛋时及时回舍，避免在野外产蛋。鹅产蛋时有择窝的习性，形成习惯后不易改变，为便于管理，提高种蛋质量，必须训练母鹅在种鹅舍内的产蛋窝产蛋，不可任其随处产蛋，致使漏捡种蛋及造成种蛋污染。初产母鹅还不会回窝产蛋，发现其在牧地产蛋时，应将母鹅和蛋一起带回产蛋间，放在产蛋窝内，用竹箩盖住，逐步训练鹅回窝产蛋。放牧时母鹅表现神态不安、急于找窝（如匆忙向草丛或隐蔽的场所走去）时，应予检查。如腹中有蛋，就把母鹅带回产蛋间产蛋。早上放牧前要检查鹅群，发现鹅鸣叫不安、腹部饱满、尾羽平伸、行动迟缓、不肯离舍等现象时，应捉住检查，如有蛋，就不要随群放牧。要勤捡蛋及保存好种蛋。

3. 放牧管理

产蛋期母鹅应以舍饲为主，放牧为辅。产蛋母鹅腹部饱满、行动迟缓，放牧要选择路近、道路平坦的牧地，行走时应慢慢驱赶，上下坡不可使鹅争先拥挤，以免造成母鹅的伤残。大风大雨等恶劣天气，不得外出放牧。

4. 光照控制

种鹅饲养，大多使用开放式鹅舍，采用自然光照制度，对产蛋有一定的影响。于 10 月开始产蛋的种鹅，自然光照每日只有 10 个多小时，且日照不断缩短，必须补充光照时间，使每天实际光照时间达到 16 小时，并将这一光照时数保持到产蛋期结束。采用人工补充光照，可提高母鹅在冬季的产蛋量。

5. 就巢鹅的管理

我国地方鹅品种都有较强的就巢性，长期以来，习惯采用母鹅抱蛋的自然孵化方法，影响母鹅产蛋量。在人工孵化方法已经普及的情况下，就巢鹅的妥善管理，就成了管理工作的一个重要环节。在母鹅就巢初期，应立即将其隔离，把母鹅迁出原鹅舍，放在无垫草而较冷的围栏内，停止喂料，给足饮水。经 2~3 天后，每天喂些粗糠、甘薯等粗饲料，使母鹅的体质不至于下降过多，使之醒抱后即能迅速恢复产蛋。也可采用药物醒抱，当母鹅就巢时，喂服醒抱灵等醒抱药物。药物醒抱要在母鹅刚就巢时立即用药，迟了醒抱效果不理想。

（四）休产期种鹅的饲养管理

种鹅的产蛋期（包括就巢期）为 6~8 个月。我国南方，鹅在冬、春季产蛋，北方在 2—6 月产蛋。产蛋末期，公鹅的配种能力下降、种蛋受精率低，大部分母鹅羽毛干枯、产蛋量明显减少，种鹅进入长达几个月的休产期。

种鹅休产并开始换羽时，为使母鹅群重新开产的时间一致和提早产蛋，可采用人工强制换羽方法。强制换羽时，拔羽可先拔主翼羽、副主翼羽，后拔尾羽。处于休产期的母鹅羽毛比较容易拔下，如拔毛困难或拔出的羽根带血时，可停喂几天饲料（青绿饲料也不喂），只喂水，直至鹅体消瘦，容易拔下主翼羽为止。

拔羽后必须加强饲养管理，增加精饲料喂量，拔羽后的2天内应将鹅圈在运动场内喂料、饮水，不能让鹅下水，以防毛孔受病菌感染，引起炎症。拔羽3天后就可放牧和下水，放牧要避免烈日暴晒和雨淋。

公鹅要在母鹅产蛋前恢复体质，使之能进行配种。因此，公鹅强制换羽要比母鹅提前15天。母鹅强制换羽期间与公鹅分群饲养。

休产期种鹅应以放牧为主，舍饲的也以喂青绿饲料为主，适量增加一些糠麸类粗饲料，至母鹅产蛋前30~40天开始加料。饲喂粗饲料的数量和质量逐步提高，至产蛋前7~10天达到产蛋期饲养水平。公鹅加料应比母鹅提前15天，以确保能按时配种。

采用活鹅拔毛技术，种鹅休产期间可拔取羽绒2~3次。

第二节 鹅常见疾病防治技术

一、小鹅瘟

（一）主要症状

鹅若患有小鹅瘟，常会表现出精神委顿、废食、下痢等症状，主要分为3种病型：最急性型鹅会不明原因突然死亡，多发生于1周龄以内的雏鹅；急性型雏鹅出现精神委顿、废食、严重下痢、排出黄白色或黄绿色水便等症状表现，高发于1~2周龄的雏鹅；亚急性型多发生于2周龄以上的雏鹅群中，出现精神差、不进食、水便等症状，有些会不药而愈。

（二）防治方法

在种鹅产蛋前1个月连续2次注射小鹅瘟疫苗，让种蛋中含有母源抗体，从而使雏鹅产生被动免疫。如果种鹅没有注射小鹅瘟疫苗，对刚出壳的小鹅要注射弱毒苗；如果种鹅已经接种的，对刚出壳的小鹅要根据当地疫情发生情况酌情注射弱毒苗。对病鹅和同群鹅要用抗小鹅瘟高免血清进行防治。

二、鹅禽流感

（一）主要症状

又名鹅流行性感冒，是由于 A 型流感病毒引起的全身性或呼吸道传染病，分为高致病性和低致病性 2 种。高致病性禽流感对于鸡、鸭、鹅具有极高的致病性，还会对人产生较大的威胁，要引起高度重视。低致病性禽流感可能会导致种鹅死亡，还会导致产蛋率明显下降并很长时间不能恢复，严重时鹅群停止产蛋，造成很大经济损失。

（二）防治方法

在种鹅开产前注射禽流感疫苗，之后每 4~5 个月免疫 1 次，同时加强饲养管理，做好环境卫生工作。

三、副伤寒

（一）主要症状

鹅副伤寒是由沙门氏菌引起的，多发生在雏鹅时，多数是由于饲养管理不当导致的。病鹅表现为腹泻、结膜炎、消瘦等症状，病鹅食欲消失、腹泻，粪便污染后躯，风干后封闭肛门，导致排粪困难，成年鹅呈慢性，主要是消瘦。

（二）防治方法

注意饲养管理，不喂腐烂、霉变的饲料，患慢性病的种鹅要淘汰，经常发病地区从种蛋孵化起就要注意消毒，雏鹅要加强饲养管理，注意饮水和饲料的干净卫生。

四、禽霍乱

（一）主要症状

禽霍乱是家禽的一种急性、败血性疾病，又叫"出败"，是由禽巴氏杆菌引起的，鹅也易得。多发生于秋季即鹅性成熟时期，如果预防措施不当，在疫区每年都会发生。病症表现和小鹅瘟差不多。

（二）防治方法

常发病疫区要在该病流行之前彻底消毒，尽量避免该病再度发生；发现疫情应及时治疗，磺胺类药物及抗生素类药物都有良好效果，一般用0.02%复方新诺明拌饲料，再用青霉素、链霉素合剂每天肌内注射2次，连续注射3~4天，基本可以控制该病。

五、鹅虱

（一）主要症状

鹅虱是藏于鹅体羽毛内的寄生虫。虫体小，形状像牛身上的虱子。因为鹅虱吸食鹅血液，还会伤到鹅皮肤，造成鹅体发痒不安，导致鹅生长发育缓慢、消瘦，成年鹅产蛋量下降。

（二）防治方法

鹅舍要保持干净卫生，经常换晒垫草，定期给鹅舍消毒；对于已患有鹅虱的鹅可以用0.5%敌百虫粉剂喷洒在羽毛中进行杀虫治疗。

六、鹅大肠杆菌病

（一）主要症状

鹅大肠杆菌病主要是由大肠埃希菌引起的，主要的发病症状为心包炎、肝周炎等脏器的炎症。

（二）防治方法

在管理上要减少鹅的饲养密度，加强养殖鹅棚的消毒工作，定期消毒；保证饮水和饲料的清洁；在药物上，可以选择一般的新霉素、庆大霉素等药物进行治疗，在雏鹅的饲料里面掺这一类药物，可以起到一定的预防作用。

七、鹅传染性支气管炎

（一）主要症状

鹅传染性支气管炎主要由传染性支气管炎病毒引起，是一种急性可传染的呼吸道疾病，主要的发病症状有咳嗽、气管啰音、打喷嚏等。

（二）防治方法

由于鹅传染性支气管炎用药物治疗的效果不是很好，想要彻底治好是不可能的，因此可以在发病早期使用抗生素，防止继发感染的产生。

八、鹅副黏病毒病

（一）主要症状

鹅副黏病毒病主要由副黏病毒引起。由于本病一旦患上，就很难治疗，死亡率也高，因此可以说是养殖鹅中危害最大的疾病。主要的发病症状：蛋鹅产蛋停止，鹅群出现腹泻状况，精神差，时常伴有咳喘、呼吸困难情况的发生，头部和面部肿大，排出的粪便颜色为绿色。

（二）防治方法

加强养殖鹅棚的消毒工作，一旦发现病鹅，一定要及时地进行隔离，减少传染；对于 2 周龄鹅，可以用副黏流感二联苗进行免疫。

九、鹅白痢

（一）主要症状

鹅白痢主要是由沙门氏菌引起的，容易患上白痢的是 2~3 周龄的雏鹅，主要的发病症状：羽毛乱、翅膀下垂、喜欢蹲伏状态、食欲不好、精神差、排出的粪便颜色为白色或者绿色。

（二）防治方法

加强养殖鹅棚的消毒工作，在引进雏鹅的时候，一定要小心谨慎，选择无白痢的种鹅场引进雏鹅；一旦发现患有白痢的鹅，一定要及时地进行隔离，减少传染。主要的治疗方法：及时使用环丙沙星、诺氟沙星或恩诺沙星等进行饮水治疗。

十、鹅口疮

（一）主要症状

鹅口疮又叫"禽念珠菌病"，是一种消化道上部的真菌病。主要发生在鸡、鹅和火鸡。病鹅生长缓慢，食欲减少，精神委顿，羽毛松乱，口腔内、舌面可见溃疡坏死，吞咽困难。

（二）防治方法

（1）加强饲养管理，做好鹅舍内外的卫生工作，防止维生素缺乏症的发生。

（2）具体治疗办法：①按病鹅每千克体重用制霉菌素 20 万、30 万或 60 万单位（最好用 30 万单位），加少量酸牛奶，1 日 2 次，连服 10 天；②在此病的流行季节，在饮水中加入 1∶2 000 硫酸铜，连喂 7 天。

第八章 鸽子养殖与疾病防治技术

第一节 鸽子的饲养管理

一、仔鸽的饲养管理

仔鸽是指出壳至离巢出售前的雏鸽。鸽子是晚成鸟，刚出壳的雏鸽，身带胎毛，眼睛不能睁开，不能行走和自由采食，全靠亲鸽哺育才能成活。仔鸽阶段的体温调节能力和抗病能力都很差，因而是鸽子一生中最危险的时期，但同时也是鸽子一生中生长最迅速的时期，该阶段饲养管理的好坏，对鸽场的经济效益影响较大。

（一）仔鸽的生长发育特点

仔鸽阶段生长速度快，饲料转化率高。良种仔鸽 21 日龄体重可达 1.00~1.25 千克，25 日龄发育良好的仔鸽体重可以超过雌鸽的体重。育雏期亲鸽的日粮应配合得当并喂保健砂，以免影响雏鸽生长。

（二）仔鸽的饲养管理

在繁殖季节，正常情况下只要巢中已无仔鸽，则在 1~2 周内，亲鸽即会再产 1 窝蛋。对于繁殖性能好的亲鸽，一般在上窝仔鸽达 15~18 日龄时便会产第 2 窝蛋。这样亲鸽既要哺育上 1 窝仔鸽，又要承担第 2 窝蛋的孵化任务，所以在饲养管理上要注意喂给亲鸽营养丰富而全面的日粮，以保证亲鸽良好的体力来哺喂乳鸽和孵化种蛋，同时确保仔鸽能继续正常生长发育。如果亲鸽体力差而无法兼顾，则须将第2窝蛋拿走，使亲鸽集中精力照顾好仔鸽，避免出现没孵几天蛋而仔鸽变得瘦弱无力、停止生长发育的现象。有条件者，可进行人工哺育或强制育肥，使亲鸽集中精力孵蛋。对于笼养的鸽子，则可把有蛋的巢盘放在笼内上部的铁架内，把有仔鸽的巢盘放在笼内下部的笼底上，使亲鸽能安心孵蛋。采用巢箱群养的鸽子，把蛋和仔鸽分隔在相邻的2个巢箱内，便可完全避免仔鸽的干扰。

孵化出壳的雏鸽，开始食亲鸽分泌的鸽乳，5日龄后逐渐过渡到用籽实饲料哺育雏鸽，这种哺育方式称为自然育雏。自然育雏管理要点如下。

1. 精心照料

鸽孵出后3~4小时已觉饥饿，将嘴向上抬起，触动亲鸽的腹部和嗉囊，亲鸽用喙含住乳鸽的喙，口对口将鸽乳喂给仔鸽。3~4天后仔鸽眼睛慢慢睁开，身体也逐渐强壮起来，身上开始长出羽毛并开始学习走动，颈部能进行伸缩，抬头仰喙向亲鸽要食。此时仔鸽的消化能力增强、食量增加，亲鸽频频饲喂乳鸽，每天达10余次。仔鸽达5~7日龄时，亲鸽的鸽乳较浓稠，并夹杂有软化发酵后的小颗粒豆粒；以后鸽乳逐渐减少，配合原粮逐渐增加。此阶段在管理上应注意，个别亲鸽在仔鸽出壳后4~5小时仍然不给仔鸽喂乳，这时应注意调教，即把仔鸽的嘴小心插入亲鸽的口腔中，经多次重复后亲鸽一般会哺育。此阶段仔鸽的食量增加，亲鸽的哺喂次数增加，所以供给亲鸽的营养要高些，可增加豆类的用量。

9~10日龄起，仔鸽身上羽毛明显增多，此时亲鸽全部给仔鸽哺喂原谷物全颗粒或半颗粒状饲料，亲鸽保温的时间逐渐减少。此阶段，少数仔鸽不能完全适应，常会出现消化不良和嗉囊炎，这时可给乳鸽投喂酵母片或乳酸菌素片，在保健砂中增加维生素、微量元素及中草药（如甘草、龙胆草、穿心莲）等。此时亲鸽进入交配期，不再与仔鸽同窝，应注意天气变化，并经常检查仔鸽是否跌落巢窝。

15日龄的仔鸽，体重可达0.4~0.5千克，羽毛基本长全，活动自如，可将仔鸽捉离巢窝，让其在铺有麻布的笼底活动。此时仔鸽仍由亲鸽饲喂，所喂饲料与亲鸽相同，为全颗粒状饲料。此时多数亲鸽已产蛋或开始产蛋。此阶段仔鸽的进食量增加，为此要增加饲料量，最好不限时、不限量。少数亲鸽产蛋后无心喂养仔鸽，应采用人工哺育的方法进行灌喂。人工哺育时采用雏鸽配合饲料，加入适量的奶粉、葡萄糖、蛋氨酸、赖氨酸、多种维生素、微量元素以及各种消化酶等营养物质，用温开水调成糊状灌喂，每天2~3次，每次灌喂不宜太饱，另外加喂少量团状保健砂。留种鸽不宜进行人工哺育，否则会影响种鸽质量。

20~25日龄的仔鸽，会在笼内四处活动，但还不能自己啄食，仍依靠亲鸽饲喂。饥饿时，追逐亲鸽讨食，此时亲鸽会强迫仔鸽独立生活，做出不肯饲喂的动作。此阶段，在管理上应增加高蛋白饲料的供应，保健砂要充足，以满足其营养需要，但每次投料不能太多，以防亲鸽吃得过多，将仔鸽喂得太饱，造成消化不良。

仔鸽长到25~26日龄、体重达0.5千克以上，即可上市出售，但此时仔鸽的肌肉含水量高、皮下脂肪少、肉质较差。为了提高仔鸽的品质和增强适口性，可在上市前进行约1周的育肥。采用含淀粉多的玉米、糙米、小麦及豌豆作主要育肥饲料，适量加入矿物质、多种维生素和消化酶，能量饲料占75%~80%、豆类占20%~25%、粗蛋白占20%~21%、粗纤维低于5%、钙占

$0.8\% \sim 1.3\%$、盐占 $0.3\% \sim 0.8\%$。为了利于仔鸽的消化吸收，通常将大颗粒饲料破碎成小颗粒饲料并浸泡 $4 \sim 8$ 小时使之软化后才填喂。每天填喂 $2 \sim 3$ 次，每次 $50 \sim 100$ 克，料、水各半。经过填肥的仔鸽，烹调后皮脆、骨软、肉质香嫩。

2. 保持清洁的环境

仔鸽食量大、排粪多，容易污染巢穴，而此时仔鸽抵抗力弱，容易发病，所以应经常更换窝内的垫草或垫布，保持巢穴的清洁、干爽，饮水的清洁，保健砂、饲料的新鲜。否则，巢盘积聚大量粪便，垫料潮湿发霉，仔鸽容易感染疾病而造成死亡。

3. 并窝

并窝是提高种鸽繁殖力的有效措施之一，因为并窝后，不带仔的种鸽可以提早 12 天左右又产下 1 窝蛋，缩短了产蛋期。1 对仔鸽中途死亡仅剩的 1 只或 1 窝仅孵出 1 只，可合并到日龄相近的单仔窝或双仔窝中，这样可以避免仅剩的 1 只仔鸽被亲鸽喂得过饱而引起消化不良的现象。并窝应在饲料充足、日粮配合完善、管理细致的情况下进行，否则并窝的效果不好。

二、生长鸽的饲养管理

生长鸽是指 $1 \sim 6$ 月龄的鸽。根据生理特点，生长鸽又分为童鸽（$1 \sim 2$ 月龄）和青年鸽（$3 \sim 6$ 月龄）。培育生长鸽是一项十分重要的工作，因为生长鸽质量的高低直接影响将来种鸽的生产性能及遗传潜力的发挥，并与鸽场的经济效益密切相关。

（一）童鸽的饲养管理

童鸽离巢开始独立生活，这时其觅食和抗病能力都较差，所以不可粗心大意、忽略管理。

1. 定时、定质和定量饲喂

由于童鸽消化系统的功能尚未完善，消化饲料的能力尚差，同时童鸽刚从哺育生活转为独立生活，生活条件发生了较大的变化，本身的适应能力也较弱，所以饲料应是小颗粒的，应将玉米、豌豆、蚕豆先粉碎，再用清水浸泡，晾干后饲喂。保证每只童鸽有食槽位，每天饲喂3~4次，确保每只童鸽有足够的营养和热量来源。饲喂时，最好每只童鸽每次加喂钙片1片或鱼肝油1粒。每次喂料后45分钟，将食槽清扫，以增强下一餐的食欲，又可减少浪费。食槽要勤洗，每日可用高锰酸钾水消毒1次，特别是梅雨季节。同时供应新鲜的保健砂，其位置应低于童鸽胸部，防止龙骨弯曲。刚从保育舍转群的头几天，饲喂时应细心观察，发现不会采食的童鸽，要给予调教和人工饲喂。发现有食欲减退，缩在一旁不吃食的童鸽，应及时进行隔离检查，防止病重死亡或传染他鸽。

2. 童鸽的饮水

有的童鸽开始可能不会自动饮水，在它渴时，可一手持鸽，一手将其头轻轻按住（不可猛按或按得太深，以防呛死），让它的嘴甲自动饮水数次后，即会自饮。在饮水中最好适当加入食盐、健胃药或复合维生素B，有助于消化和增进食欲。夏季早晚各换1次水，饮水量为50~60毫升。如水浑浊时，可加明矾净化，每10千克水加3克明矾。水具要勤洗、消毒，特别是梅雨季节。要保证每只童鸽有水槽位，保证不停水。

3. 精心管理

童鸽离巢最初15天，对外环境适应力较差，必须注意保温，从育雏室出笼不能直接进自然通风笼，必须先在室内有挡风避寒条件的地方。最好放在保育床上养，每张保育床长200厘米、高85厘米（其中含脚高50厘米），为铁丝网结构，网眼5厘米^2、床底网眼3厘米^2。每张保育床设有食槽、保健砂杯和饮水槽（杯），最好均悬挂在铁丝网外，可免鸽粪污染。每张保育床可养童鸽 15~20 对，经过 5~6 天，童鸽便可自行上下床。15 天后，可把童鸽从保育床移到网上（地面）饲养，每群 50 对左右，舍外要围大于鸽舍面积 2 倍以上的运动场和飞翔空间，并设置合适的栖架，使鸽子白天有一定的空间进行飞翔运动，晚间有舒适的栖身处。也可建简易鸽棚，能达到上述要求即可。其饲养密度以 3 对/米² 为宜。必须保证鸽舍清洁卫生和干燥。

4. 童鸽的洗浴

童鸽洗浴时间不宜太长，每次半小时即可，浴后的污水要随时倒掉，以免童鸽自饮污水，引起疾病。

5. 童鸽档案

为了避免将来近亲交配，必须建立系谱档案。被选留种的童鸽也必须先带上编有号码的脚环，然后做好原始记录（如自身脚环号码、羽毛特征、体重及亲代已产仔窝数等）。

6. 童鸽群饲养

童鸽饲养可雌雄混群养，也可雌雄分开养。分养与混养各有特色，如果同期成熟的为配对雌雄养在同一圈内，就会诱发提早成熟，雌鸽会早产，有利于培养早熟种。

7. 童鸽换羽

童鸽从 50 日龄左右开始换羽，第 1 根主翼羽首先脱落，以后每隔 15~20 天又换第 2 根，同时，副主翼羽和其他部位的羽毛也先后脱落更换。根据饲养观察，换羽期童鸽的生理变化较大，机体对外界环境的抵抗力较弱，容易引起发病率、死亡率高的疾病，如毛滴虫病和念珠菌病，还易引起球虫病、肠道等疾病的感染，应引起足够的重视。对换羽期的管理应做到以下 5 点。

（1）提高饲料的质量。提高饲料中甲硫氨酸的含量及保健砂中的石膏和硫磺比例，以利于童鸽脱羽和长羽。

（2）抗生素预防。此期的童鸽对外界的变化极为敏感，易产生应激反应和因呼吸道受刺激而引起的细菌感染。通常交替使用乳酸环丙沙星、诺氟沙星、土霉素等有效药物。做好鸽群疾病的防治工作，这是保证童鸽正常生长发育和提高成活率的关键。

（3）加强环境卫生。每天清洗食槽和水槽并定期消毒。及时清除粪便，清扫脱换的羽毛。对鸽舍及周围环境应定期进行喷雾消毒。经常对鸽舍灭虫、灭鼠，尽可能加强环境卫生，减少疾病的传播途径。

（4）加喂少量火麻仁、石膏、油菜籽等，将有助于换羽过程的加速完成。

（5）冬季要注意保暖，在天气好的时候，要让童鸽晒晒太阳。

（二）青年鸽的饲养管理要求

1. 供应合理营养饲料

青年鸽的消化系统渐趋完善，食欲旺，对饲料利用率高，生长发育旺盛。此时应控制日粮中的能量和蛋白质含量，一般粗蛋白质含量达 14% 即可。要防止长得过肥和性早熟。

2. 保证清洁饮水

水对鸽子影响很大，缺水 12 小时以上，对青年鸽的生长将有不良影响；而缺水 36 小时以上时，将导致鸽体新陈代谢严重紊乱，死亡数上升。夏季高峰时 1 只青年鸽饮水可达每日 120 毫升，这也是鸽体抗热应激的有效手段。冬季 1 只青年鸽每日一般需饮水 50 毫升左右。

3. 鸽舍要清洁

青年鸽舍要保持良好的通风换气，安静、干燥、卫生，无氨味。饲养密度不宜大。杜绝非生产人员进入生产区，不仅可减少外来应激，也是减少疾病的措施之一。

4. 合理光照

对于开放式饲养及半开放式饲养的鸽舍，自然光照即可，夏季给予适当遮阴。对于封闭式鸽舍，给予7小时光照，即可避免早熟和有利于后备种鸽的充分发育。

5. 防止早配早产

青年鸽在3~5月龄时，活动能力及适应能力增强，转入稳定生长期，一些个体陆续出现发情。因此，3月龄开始就应把雌雄分群饲养，防止早配、早产，以免影响生产鸽的生产性能。

6. 进行驱虫

在接近5月龄时，从生物学上讲，消化道的寄生虫在鸽体内正处于成虫阶段，极易驱杀。这时，应对所有青年鸽全部投药驱虫，并将排出的粪便彻底清扫出鸽舍，隔2周后再投药1次，彻底驱除寄生虫。

7. 选优去劣

青年鸽长到5月龄时，根据种鸽的要求，将近亲繁殖的后代以及体重轻、体质差的个体及时淘汰，作育肥用。

三、种鸽的饲养管理

配对繁殖的鸽称为种鸽。种鸽在不同的生长时期有不同的生理特征和生产任务，管理上应采取相应的技术措施。

（一）新配对鸽的饲养管理

配对方法有自然配对（自由配对）和强制配对（人工配对）2种。自然配对又可分为大群自然配对和小群自然配对。自然配对就是鸽子在群体中自由选择对象。一般大群配对时间比小群要长，小群配对因为空间较小，接触机会多，完成配对的时间可大大缩短。自然配对适用于商品鸽生产场。强制配对，即人为地选择一对鸽子放在同一配种笼内，开始时在笼中间用铁丝网隔开，通过相望，建立感情，彼此不产生斗架现象时，便可抽出隔网片，配对即告成功。不论是自然配对还是强制配对的鸽子，都要戴上有编号的足环，足环编号和巢箱的编号要一致，同时做好记录。如果是强制配对的种鸽，相互建立感情仍然需要时间，一般 2~3 天。如果出现争斗行为，应及时隔离，隔离 3~4 天后，配对时仍发生争斗，则应重新配对，以免造成不必要的伤亡。对已经配对的鸽子要进行认巢训练。

认巢训练的具体做法是喂食后把关在巢箱里的鸽子放出来活动。上午 1 次放出后到下次给料前，重新赶回巢箱，并在巢箱内进食，如果不回巢箱，则将其捉回。下午放出后到晚上，如有不回巢箱的也捉回去。如此反复 3~4 天后，对个别不回巢的鸽子，应由饲养者驱赶或捉回。等到新配对的鸽子全部都能认巢后，就可让鸽子自由活动。对于自然配对的鸽子，只要将一方转入另一方鸽舍即可，不需要进行认巢训练。由于认巢训练颇费工时，设备条件要求又高，因此如果不是培育种鸽，而是用于生产商品鸽的鸽群最好进行自然配对，以减少认巢训练的时间。配对后的鸽子要注意供给新鲜的饮水和充足的保健砂，保证营养需求。将配对好的种鸽及时放入巢盘，有利于增强雌、雄鸽的感情，巩固配对。

（二）孵化期的饲养管理

配对种鸽交配后 7~9 天开始产蛋。此时雄鸽在笼内周围积极寻找干草、羽毛等带进巢盘，雌鸽长时间蹲在巢中。这时应及早清洁巢盘，铺上软的垫草或麻袋片，让雌鸽产蛋。雌鸽每窝产 2 枚蛋，第 1 枚蛋下午 5—6 时产出，约隔 46 小时后，第 3 天下午 3—4 时产第 2 枚蛋。产蛋后亲鸽开始孵化，此时应把鸽舍用麻布适当遮挡，避免强光的照射和邻舍的干扰，使亲鸽专心孵化。温度对胚胎发育至关重要，冬季应注意保暖，夏季注意通风降温。在孵化期间要进行 2~3 次照蛋检查，将余下的发育正常的蛋并入孵化日期相同或差 1~2 天的其他笼中，按 2 枚蛋合并一窝，使不孵化的亲鸽尽快再产蛋，从而提高繁殖率。

　　如产1枚蛋或出现畸形蛋、软壳蛋、砂壳蛋时，则应认真思考日常管理措施是否完善，保健砂的配合和供给方法是否合理，从而及时改进饲养管理方法和保健砂的质量，避免出现畸形蛋、软壳蛋、砂壳蛋。严寒和酷暑都直接影响蛋的正常孵化。如果天气寒冷，易引起早期胚胎死亡，应增加巢内垫料、对鸽舍进行保温、在饲料中适当增加能量饲料的供给量。保健砂中适当供给一些食糖可以使种鸽产生足够的热能以御寒。如果天气炎热，易出现孵化后期死胚或出壳困难的情况，此时应减少垫料、加强鸽舍内的通风换气、降低舍内的温度，有条件的可以用冷水喷洒屋顶和安装通风设备。

　　（三）育雏期种鸽的饲养管理

　　育雏期的种鸽担负着哺育雏鸽的重要任务，需要的营养物质增加。此时应增加饲料的饲喂量，增加绿豆、豌豆、小麦等蛋白质含量高的饲料，供给优质、新鲜的保健砂及清水。亲鸽日粮的粗蛋白质含量不低于13%、粗脂肪含量不低于3%、代谢能不低于12 552千焦/千克。

　　（四）种鸽换羽期的饲养管理

　　种鸽每年秋季换羽1次，换羽期长达1~2个月。换羽期间，除个别高产鸽仍产蛋外，普遍停产。种鸽换羽有早有迟，换羽后开始产蛋的时间也有先后。为保证换羽一致、缩短换羽期，可在鸽群普遍换羽前限制饲喂量，待换羽高峰过后逐步恢复到原来的饲养水平，并在日粮中加些火麻仁、向日葵仁、油菜籽和芝麻等有助于羽毛生长和恢复体力的饲料，以缩短其换羽时间，促使其早日进入生长期。群养鸽子中，如有个别鸽在换羽期仍边换羽边孵蛋育雏，应将其隔离饲养，给予全价日粮。在换羽期应注意原来配对的亲鸽因换羽的迟早和快慢的不同，可能分开而重新另找配偶，导致原有鸽群秩序的混乱，影响换羽后的正常生产。因此，除了促使鸽子在短期内集中换羽外，还应将重新另找配偶的鸽子与原配对鸽子关起来，待到整个鸽群都已换羽完毕和进入交配产蛋阶段时再放出来。种鸽在换羽期普遍减产，有的种鸽换羽期比较长，最好利用这段时期对种鸽进行1次调整，全面检查种鸽的生产情况，结合档案资料，把生产性能差、换羽时间长、年龄较老的种鸽淘汰。从后备种鸽中选择体格健壮、体形优美的优良基因的青年鸽予以补充。同时进行体内外驱虫，消毒舍内外环境及鸽笼、巢盘、水槽等，给种鸽创造清新舒适的生产环境。

第二节 鸽子常见疾病防治技术

一、鸽痘

（一）主要症状

该病由鸽痘病毒引起，季节性明显，与蚊子等吸血昆虫活动有关。不同龄期鸽子均有易感性，日龄越小病情越重。临诊可见皮肤型、黏膜型和混合型，以皮肤型多见，在喙、脚等无毛或少毛处出现结痂。

（二）防治方法

加强管理，做好鸽舍的消毒和除蚊灭虫工作，当出现第1只鸽患此病时，要及时隔离并消灭蚊、蝇等害虫。用同源鸽痘疫苗早期接种，可获良好免疫保护。

二、鸽毛滴虫病

（一）主要症状

该病是一种最常见、危害最严重的鸽寄生原虫病。成鸽常带虫不发病，幼鸽因吞食成鸽哺喂的鸽乳而感染，临诊可见咽型、内脏型、脐型，其中咽型最常见，在口腔、咽、食道和嗉囊的黏膜表面被覆一层极易剥离的黄白色干酪样物。

（二）防治方法

鸽滴净、甲硝唑对本病有较好的防治效果。

三、鸽 I 型副黏病毒病

（一）主要症状

该病病原为鸽 I 型副黏病毒，又叫"鸽新城疫"，是危害养鸽业最主要的疾病，分布广泛。各龄期鸽子均有易感性，以仔鸽敏感性最高，以腹泻和神经症状为主，剖检以颈部皮下、消化道和脑部充血出血为特征。

（二）防治方法

发病后，可适当采用高免血清或高免卵黄抗体注射，待疫情稳定后 7~10 天，再接种鸽 I 型副黏病毒灭活苗或大剂量新城疫 IV 疫苗有较好免疫效果。

四、鸽沙门氏杆菌病

（一）主要症状

其病原主要是鼠伤寒沙门氏杆菌，主要侵害童鸽和成鸽。病鸽的症状为神经症状、腹泻和关节肿胀，剖检可见肝脏散在的大小不一、形状各异的坏死灶。

（二）防治方法

因抗药菌株普遍存在，选择治疗药物要做药敏试验，以保证疗效。可用恩诺沙星进行治疗。

五、鸽巴氏杆菌病

（一）主要症状

该病是由多杀性巴氏杆菌引起的一种急性、细菌性传染病，多呈地方流行性。多见于青年鸽和成鸽，症状为急性死亡、慢性间歇性绿色下痢和关节肿胀。剖检的特征性病变是肝表面布满针尖大小、圆形、灰白色坏死灶，以及全身性广泛出血和出血性病变。

（二）防治方法

多种抗菌药物对本病有效，但易复发。弱毒菌苗有效保护期为 3~4 个月。

六、鸽大肠杆菌病

（一）主要症状

该病由多种血清型致病性大肠杆菌引起。本病发生与环境因素、管理水平，以及其他疾病的存在有密切关系。各日龄鸽均易感，仔鸽多呈败血型，童鸽和成鸽多为肠炎型。眼观病变与鸡、鸭大肠杆菌病有些不同，病鸽心包、肝包膜及气囊等的纤维素性炎症不明显。

（二）防治方法

改善饲养管理、搞好卫生消毒、减少各种应激是防治本病的有效措施。

七、鸽念珠菌病

（一）主要症状

该病由白色念珠菌引起。该菌广泛存在于鸽正常消化道内，当鸽抵抗力下降、维生素缺乏、长期滥用抗生素、卫生条件差时，即可导致本病的暴发和流行。剖检病变以口腔、食道、嗉囊黏膜上出现白色干酪样假膜为特征。

（二）防治方法

克霉唑、制霉菌素、硫酸铜等药物均有效。

八、鸽蛔虫病

（一）主要症状

该病是一种常见的寄生蠕虫病，多见于群养和经常接触地面的鸽群中。轻度感染时无明显症状；严重感染时病鸽消瘦、羽毛生长不良、消化吸收障碍、便秘下痢交替、常有异嗜癖、有时可见抽搐及歪头斜颈，最后衰竭死亡。搞好鸽舍内外环境卫生、经常清除粪便并做无害化处理、进行定期驱虫是预防本病的有效办法。

（二）防治方法

常用的驱虫药有枸橼酸哌嗪、盐酸左旋咪唑、丙硫多菌灵、吩噻嗪等。

九、胃肠炎

（一）主要症状

病鸽食欲差、腹泻拉痢（严重者粪便呈墨绿色或褐红色）、肛门周围羽毛沾污粪便。亲鸽患此病时，会停喂乳鸽。剖检病变常见肠黏膜出血或坏死灶、肠腔充气、充满白色和绿色稀粪，肌胃角质膜剥落。

（二）防治方法

口服诺氟沙星饮水，并配合使用消化药和健胃药。

十、鸽副伤寒

（一）主要症状

病鸽患病后，不愿活动，常独自呆立，精神沉郁、嗜睡，眼睑浮肿，鼻瘤失去原有色彩，羽毛粗乱、失去光泽，食欲减退或拒食，腹泻下痢，拉绿色或褐色的恶臭稀粪，并含有未消化的饲料成分，泄殖腔周围的羽毛常被粪污染。急性病鸽 2～3 天内死亡；慢性病鸽长期腹泻、消瘦、翅下垂、步态蹒跚、打滚、头颈歪斜等；有的病鸽还出现呼吸困难、皮下肿胀等病状。该病发病率较高、死亡率高、防治复杂，预防和治疗应相结合。

（二）防治方法

预防方法：①改善鸽舍卫生状况，定期在饮水或饲料中投放抗菌素、维生素等；②新购进的鸽要拌料喂 3～5 天 0.04%～0.08%金霉素或每只肌注 5 万单位金霉素，每日 1 次；③病鸽要隔离治疗，病愈后的鸽不能作种用，应予以淘汰；④鸽舍、用具、场地要彻底消毒。

治疗方法：①氯霉素 0.1%饮水或拌料，连用 3～5 天；②严重者用卡那霉素，每千克体重 10～20 毫克；③用 0.02%～0.04%增效磺胺（复方敌菌净等）拌料，按每千克体重 30～50 毫克喂服，一天 2 次，连用 2～3 天。

参考文献

常德雄，2021. 规模猪场猪病高效防控手册 ［M］. 北京：化学工业出版社.

韩庆，2011. 优质肉鸽高效健康养殖新技术 ［M］. 长沙：湖南师范大学出版社.

韩占兵，2006. 优质肉鸡饲养管理技术 ［M］. 郑州：中原农民出版社.

李福昌，2016. 兔生产学 ［M］. 北京：中国农业出版社.

李锦宇，谢家声，2016. 鸡病防治及安全用药 ［M］. 北京：化学工业出版社.

刘磊，李福昌，2019. 彩色图解科学养兔技术 ［M］. 北京：化学工业出版社.

卢泰安，2008. 养羊技术指导 ［M］. 北京：金盾出版社.

倪兴军，2015. 养羊与羊病防治 ［M］. 重庆：重庆大学出版社.

任文社，董仲生，2010. 家兔生产与疾病防治 ［M］. 北京：中国农业出版社.

宋连喜，2015. 牛生产 ［M］. 2 版. 北京：中国农业大学出版社.

王卫国，2012. 养鸭配套技术手册 ［M］. 北京：中国农业出版社.

卫书杰，李艳蒲，王会灵，2016. 畜禽养殖与疾病防治

［M］．北京：中国林业出版社．

魏刚才，赵新建，高冬冬，2021．怎样提高肉牛养殖效益［M］．北京：机械工业出版社．

吴学军，2011．猪生产技术［M］．北京：北京师范大学出版社．

夏万良，2010．养肉鸽实用新技术［M］．北京：中国农业出版社．

熊家军，肖锋，2014．高效养羊［M］．北京：机械工业出版社．

昝林森，2007．奶牛高产饲养实用技术手册［M］．北京：中国农业出版社．

张庆如，2013．养猪实用技术［M］．北京：北京理工大学出版社．

张晓建，魏刚才，2016．实用高效养鹅法［M］．北京：化学工业出版社．

赵鸿璋，2011．猪场经营与管理［M］．郑州：中原农民出版社．